FAUNE ENTOMOLOGIQUE

FRANÇAISE

LÉPIDOPTÈRES

Fontainebleau — Imprimerie E. Bourges.

FAUNE ENTOMOLOGIQUE FRANÇAISE

LÉPIDOPTÈRES

DESCRIPTION DE TOUS LES PAPILLONS

QUI SE TROUVENT EN FRANCE

INDIQUANT

L'ÉPOQUE DE L'ÉCLOSION DE CHAQUE ESPÈCE
LES LOCALITÉS QU'ELLE FRÉQUENTE, LA PLANTE QUI NOURRIT
LA CHENILLE, LE MOMENT OU IL CONVIENT DE LA CHASSER

Par M. E. BERCE

Ex-Président de la Société Entomologique de France.

Dessins par M. THÉOPHILE DEYROLLE

Troisième volume :

HÉTÉROCÈRES

NOCTUÆ

PREMIÈRE PARTIE

PARIS

Chez DEYROLLE Fils

Libraire-Correspondant des Sociétés Entomologiques de Londres,
de Belgique, de Suisse et d'Italie,

19, RUE DE LA MONNAIE, 19

1870

GÉNÉRALITÉS

Les noctuélites ou noctuelles, ainsi qu'on les nomme
en France, et dont nous allons nous occuper dans ce
volume, forment une nombreuse famille dans l'ordre
des lépidoptères hétérocères. On en connaît près de neuf
cent cinquante espèces d'Europe, et ce nombre s'accroît
tous les ans, par de nouvelles découvertes. La France
en possède un très-grand nombre, et nous sommes loin
de connaître toutes les richesses de notre patrie, dans
cette branche de l'histoire naturelle.

A l'état parfait les noctuelles ont des formes et des
mœurs très-variées ; elles ont le corps gros relative-
ment aux ailes ; leurs couleurs sont généralement peu
brillantes ; cependant quelques espèces (genres *Cucullia*, *Plusia*, *Dianthæcia*, etc.) sont ornées de dessins et
couleurs assez brillantes. Pendant le jour beaucoup de
ces insectes se cachent, soit dans le feuillage, soit sous
les feuilles sèches et les plantes basses ; le tronc des arbres, les pierres, les trous et les chaperons des murs,
sont aussi leur refuge ordinaire. Quelques espèces cependant volent à l'ardeur du soleil, ou pour peu qu'elles soient dérangées de leur retraite. Nous avons indi-
qué dans l'introduction du premier volume la manière
de chasser ces insectes ; nous n'y reviendrons donc pas ;

mais, nous donnerons, avec la description de chaque espèce, les détails que nous connaissons sur les mœurs des papillons et de leurs chenilles.

La forme des ailes supérieures des noctuelles, varie entre le triangle et le trapèze. Leur bord terminal, garni d'une frange dense et velue, est arrondi ou divisé en denticulations dont les sinus correspondent aux nervures. Les ailes inférieures sont plus larges que les supérieures et presque toujours arrondies au bord terminal. Dans le plus grand nombre des espèces ces ailes sont de couleurs insignifiantes et presque toujours sans dessins, elles sont plissées et recouvertes en entier par les supérieures; on dit alors qu'elles sont disposées en *toit*, c'est-à-dire que, quand l'insecte est au repos, la partie du bord interne qui se rejoint au-dessus de l'abdomen est plus élevée que la côte, qui touche d'ordinaire le plan de position. Les ailes supérieures, offrent, en outre, un caractère qui ne manque que chez un petit nombre d'espèces; nous voulons parler des deux taches que nous nommons *ordinaires*. La première de ces taches est en forme d'anneau, ronde ou ovale ; elle est placée vers le milieu de la cellule discoïdale, et se nomme *orbiculaire*. La seconde en forme d'oreille ou de rein, est ordinairement plus grande ; elle est située vers l'extrémité de la cellule, on l'appelle *réniforme*. Indépendamment de ces taches, ces mêmes ailes sont ornées de quatre lignes qui les traversent perpendiculairement à la côte. Ces lignes manquent (ou plutôt sont invisibles) aussi rarement que les deux taches ordinaires. (Voyez pl. C, fig. 1 et 2.)

La tête des noctuelles est assez grosse et moins enfoncée sous le thorax que celle des bombyx. Le thorax est garni de poils soyeux, plutôt lisses que hérissés. L'abdomen est ordinairement comprimé, et on y remarque souvent, ainsi que sur le thorax, de petites brosses de poils relevés, qu'on appelle *crêtes*. Les antennes sont de formes très-variées ; leur tige est garnie de lames ou cils presque droits, clairs et flexibles. Quand elles sont simples dans les deux sexes, le mâle les a plus épaisses que la femelle, et à l'aide de la loupe on y distingue, soit des cils très-courts, soit des dentelures plus ou moins longues, ou bien leur côté interne est comme velouté. Les palpes sont régulièrement développés ; leurs deux premiers articles sont généralement épais, velus ou squammeux, mais le troisième et dernier, est notablement plus menu, très-facile à distinguer, et le plus souvent dégarni de poils. La spiritrompe est bien visible, plus ou moins longue, forte, cornée et bien roulée en spirale. Les pattes sont fortes, de taille moyenne ; la cuisse et la jambe sont velues, cette dernière est armée, aux pattes postérieures, de deux paires d'épines bien distinctes, et le tarse, qui est ordinairement annelé de brun et de couleur claire, est terminé par des crochets faciles à découvrir. (V. pl. C, fig. 7, 8, 9, 10, 11, 12, 13 et 14.)

Les chenilles sont aussi de formes très-diverses. Elles sont en général allongées, cylindriques ; quelques-unes sont courtes et trapues ; d'autres sont longues, renflées au milieu et amincies aux deux extrémités, avec la tête petite et lenticulaire; chez quelques-unes, les incisions des anneaux sont tellement profondes, qu'ils ressemblent à des grains de chapelets. Le nombre de leurs pattes membraneuses est ordinairement de cinq paires ; cependant quelques espèces n'en ont que deux paires, et marchent comme les géomètres ou arpenteuses ; d'autres en ont trois et ne sont que demi-arpenteuses ; d'autres en offrent quatre, et ne font que courber légèrement leurs anneaux antérieurs; enfin, parmi celles qui en ont cinq, il s'en trouve dont les premières sont plus courtes que les postérieures et sont même quelquefois complètement inutiles à la progression.

Les chenilles qui vivent, soit dans les tiges des plantes, soit dans la terre où elles se nourrissent de racines, sont généralement de couleurs livides et comme décolorées ; celles, au contraire, qui vivent à découvert sur les arbres ou les plantes basses, sont souvent ornées de couleurs très-agréables ; parmi celles-ci plusieurs se réfugient pendant la chaleur du jour entre les rides des écorces des arbres, dont leur couleur assortie empêche de les distinguer. Il en est enfin qui vivent en société dans leur première jeunesse, mais elles ne tardent pas à se disperser.

De même que les ailes supérieures des noctuelles, les chenilles ont aussi des lignes qui se reproduisent sur presque toutes les espèces ; M. Guenée, de Châteaudun, dans son *Essai sur les Noctuélides*, a donné des noms à ces lignes, ce qui rend l'étude de ces chenilles beaucoup plus simple et plus facile, en permettant de les rapporter toutes, pour ainsi dire, à un même type.

Nous donnons (pl. C, fig. 3 et 4) les noms et les dessins de ces lignes.

Indépendamment de ces lignes, il y a aussi des points que M. Guenée nomme trapézoïdaux, à cause de leur disposition sur les anneaux. Ces points sont plans ou saillants, et chacun donne naissance à un ou plusieurs poils plus ou moins visibles. (Pl. C, fig. 3 et 4.)

Nous avons déjà parlé (tome Ier, page 96) du petit organe appelé filière, destiné à donner issue à la soie que file la chenille, lequel est situé entre les deux palpes de la lèvre inférieure. Nous devons mentionner maintenant un autre petit organe, découvert par Bonnet en 1739, et dont peu d'entomologistes se sont occupés jusqu'aujourd'hui.

Cet organe, dont l'usage est encore inconnu, est situé entre la lèvre inférieure et les pattes écailleuses; en pressant légèrement la chenille entre les doigts, on le fait sortir d'une petite fente transversale, dans laquelle il rentre lorsque la pression ne s'exerce plus. Selon Bonnet, cet organe est composé de trois pièces s'emboîtant les unes dans les autres, à la manière des cornes des colimaçons; quelquefois il est hémisphérique, en général simple, et, dans certains cas, double. Le plus souvent, néanmoins, il est grêle et conique, et, dans ce cas, il est quelquefois quadruple.

Réaumur, dans une lettre rapportée par Bonnet, pense que c'est une seconde filière, destinée à la fabrication des cocons, principalement de ceux de terre en terre; mais M. Lacordaire dit qu'il est plus probable qu'il sécrète quelque fluide propre à protéger l'insecte. Toutes les chenilles ne paraissent pas être munies de cet organe : sur soixante-deux espèces de chenilles observées par Bonnet, trente et une seulement lui ont paru en être pourvues.

Nous engageons les observateurs à faire quelques nouvelles expériences à ce sujet; il serait très-intéressant de connaître quel est l'usage de cet organe.

Les chrysalides sont lisses, rases, très-luisantes et comme vernissées, d'une couleur brune, souvent plus ou moins rougeâtre, leur partie abdominale est fortement conique et se termine ordinairement en une pointe aiguë, garnie de petits appendices sétiformes, roides, en nombre variable, et le plus souvent courbes ou crochus. Leurs anneaux abdominaux ne sont jamais soudés, et elles leur impriment, au moindre attouchement, un vif mouvement de droite à gauche, ou même de rotation, comme pour se débarrasser du contact qui les gêne. Quelquefois cependant, les anneaux sans être soudés pour cela, ne manifestent que de très-faibles mouvements. On trouve souvent ces chrysalides en bêchant la terre, et ce sont elles que l'on appelle vulgairement *fèves*.

Nous ne terminerons pas ce court exposé, sans mentionner un fait que nous avons observé il y a déjà longtemps, et qui vient d'être confirmé tout récemment ; c'est que quelques chenilles de noctuelles sortent de l'œuf avec seulement trois paires de pattes membraneuses, et que ce n'est qu'à la troisième mue qu'elles acquièrent leurs cinq paires normales. Les espèces observées jusqu'à présent sont : la *Polia Flavocincta* et la

Dipterygia pinastri, élevée d'œufs par notre collègue, M. Goosens.

Pour la classification des noctuélites, nous avons suivi l'ordre établi par M. Guenée dans le Species général des lépidoptères, de préférence à celui de M. Julius Lederer (quoique ce dernier ait un très-grand mérite à nos yeux), parce que le travail de notre savant collègue est beaucoup plus connu en France, que celui du célèbre entomologiste allemand.

Nous ne nous sommes écartés du travail de M. Guenée, que pour la rectification de quelques noms d'espèces, adoptant toujours le nom le plus ancien, ainsi que l'a fait M. Staudinger dans son catalogue des lépidoptères d'Europe.

Aux lépidoptéristes qui nous ont prêté leur concours amical, et dont nous avons cité les noms dans l'avertissement du deuxième volume ; nous devons ajouter ceux de MM. Maurice Sand et Delamain, qui nous ont communiqué de nombreuses et intéressantes notes, sur leurs chasses dans les départements de l'Indre et de la Charente. Nous prions ces Messieurs de recevoir nos sincères remerciements (1).

Fontainebleau, le 1er janvier 1870.

E. BERCE,

Ancien président de la Société entomologique
de France.

____

(1) Voyez les additions et les corrections à la fin du volume.

FAUNE ENTOMOLOGIQUE
FRANÇAISE

C. NOCTUÆ, *Linné.*

BRYOPHILIDÆ, Gn.

Chenilles à seize pattes, cylindriques, courtes, rases, à trapézoïdeaux (1) verruqueux et luisants, se nourrissant de lichens. — Chrysalides non enterrées.

Genre BRYOPHILA, Tr.

Antennes simples ou pubescentes dans les ♂, filiformes dans les ♀. Palpes légèrement arqués et séparés de la tête, qu'ils débordent beaucoup ; leurs premiers articles épais et squammeux, le dernier grêle et cylindrique, spiritrompe longue et cornée. Thorax uni. Abdomen grêle et légèrement crêté. Ailes assez larges.

Chenilles cylindriques, courtes, rases, ou munies de poils isolés, à tête petite, globuleuse. Elles vivent aux dépens des lichens qui croissent sur les pierres, les murailles, les arbres ; se cachent pendant le jour, et se

(1) Nous donnerons l'explication de ces termes et des autres dans la planche explicative des caractères des papillons et des chenilles.

métamorphosent dans des creux qu'elles couvrent de lichens, et qu'elles tapissent intérieurement de fils de soie.

RAVULA, Hb., *Lupula*, Dup.

25^m. Ailes supérieures d'un brun foncé avec les deux lignes médianes grises, bordées de noir, et la subterminale ferrugineuse. Taches ordinaires marquées par une ligne noire bordée de gris. Frange de la couleur des ailes. Ailes inférieures d'un gris-noirâtre luisant. Antennes filiformes.

La chenille vit en mai sur les lichens des pierres et des vieux murs, et le papillon éclôt en juillet. On le trouve appliqué contre les murs sur lesquels a vécu la chenille, il n'est pas très-commun. Paris, Auvergne, Saône-et-Loire, Charente, *Delamain;* Pyrénées-Orientales, etc. — ♀ semblable.

DECEPTRICULA, Hb.

27^m. Ailes supérieures d'un ferrugineux nuancé de blanchâtre, avec une raie brune qui descend obliquement de l'angle apical, et un trait noir longitudinal longeant le bord interne et paraissant séparer l'aile en deux parties dont la supérieure est ferrugineuse et l'inférieure, plus étroite, brune. On voit en outre un petit arc blanc vers les deux tiers du bord interne. Taches ordinaires écrites en brun et à peine visibles. Antennes grises et filiformes. Ailes inférieures d'un blanc-jaunâtre ombrées de noirâtre.

La chenille vit comme celle de *Ravula* et le papillon paraît en juillet; il est assez commun en Alsace, dans la Charente *(Delamain)* en Auvergne, à Paris, etc. — ♀ semblable.

Ab. *Raptricula*, Hb.

De la taille de *Deceptricula* dont elle ne diffère que par sa couleur entièrement brune, et par l'absence de ferrugineux sur les ailes supérieures. Les lignes ordinaires sont en outre mieux écrites. Mêmes localités et époques que *Deceptricula*.

Ereptricula, Tr.

26ᵐ. Ailes supérieures d'un brun-noirâtre, avec deux taches d'un blanc-verdâtre, sablées de noir; la première s'étendant depuis la base de l'aile jusqu'à l'extrabasilaire, la seconde, plus petite, vers l'angle interne; ligne coudée arquée en dehors au-dessus de cette tache; côte légèrement sablée de blanc. Antennes grises et filiformes. Ailes inférieures d'un gris-blanchâtre. — ♀ semblable.

La chenille sur les lichens des pierres en mai, et l'insecte parfait en juillet. Selon M. Trimoulet, il se trouve contre le tronc des vieux arbres. Département de la Gironde. Rare.

Receptricula, Hb.

25ᵐ. Ailes supérieures d'un vert pâle depuis la base jusqu'à la coudée, le reste de l'aile d'un brun-verdâtre. Coudée noire ainsi qu'une autre ligne parallèle au bord interne et qui s'étend jusqu'au bord externe. Tache réniforme brune, orbiculaire peu visible. Frange jaunâtre légèrement entrecoupée de brun. Ailes inférieures d'un gris-brun avec une bordure noirâtre. Antennes grises et filiformes. — ♀ semblable.

Chenille en mai sur les lichens des arbres. Papillon en juillet contre le tronc des vieux arbres. Rare. Département de l'Indre, *Maurice Sand;* Gironde, *Trimoulet;* Châteaudun, *Guénée.*

ALGÆ, Fab.

22m. Ailes supérieures ayant tout l'espace basilaire d'un vert clair avec quelques taches noires. Espace médian d'un brun foncé, avec une ombre transverse noire près du bord interne, taches ordinaires faiblement esquissées en noir avec une éclaircie blanche ou un peu fauve, sur la réniforme. Espace terminal vert, varié de brun et de blanchâtre. Frange entrecoupée. Ailes inférieures d'un brun clair, avec un liseré terminal blanchâtre, un point cellulaire et une ligne obscure, visibles surtout en dessous. — ♀ semblable.

La chenille vit sur les lichens des arbres, et le papillon n'est pas rare dans presque toute la France, mais n'est pas toujours facile à découvrir à cause de sa couleur qui se confond avec le vert des écorces. C'est surtout sur les vieux ormes qui bordent les routes, que l'on peut facilement se procurer cette jolie noctuelle.

AB. *Strigula,* Dup.

Diffère d'*Algæ* par une teinte verte plus unie, plus terne, et tranchant moins avec le brun de l'espace médian. Avec le type et aussi commun.

Ab. *Mendacula*, Hb.

Plus petite ; d'un vert plus grisâtre, plus pâle, plus uni ; espace médian tout à fait concolor.

Assez commune dans le midi ; département de l'Indre, *Maurice Sand*. Rare.

Ab. *Calligrapha*, Bkh.

D'un vert plus jaunâtre. Espace médian presque concolor. Les ptérygodes, deux larges taches à la base, une sur le disque et une bande accolée à la subterminale, d'un jaune-orangé vif.

Midi, Indre, *Maurice Sand*. Rare.

Perla, S.V., Dup.

25ᵐ. Ailes supérieures d'un blanc un peu jaunâtre ou bleuâtre, avec les lignes ordinaires noirâtres, onduleuses et dentelées. Espace médian avec deux taches d'un gris-bleuâtre. Côte marquée de petits traits noirs. Ailes inférieures grises avec un point central noirâtre. Antennes grises et filiformes. — ♀ semblable.

La chenille vit en mai et juin, sur les lichens des murs et des pierres exposés au soleil. Elle mange le soir et surtout le matin au lever du soleil. Plus tard elle ne se montre guère, et se tient cachée dans un petit trou ou crevasse qu'elle ferme avec de la soie et des lichens, et qui ne diffère point de la couleur de la pierre. Elle se chrysalide dans une coque semblable à celle qui lui sert d'abri, et éclôt en juillet et août. Le papillon est commun dans T. L. F. On le trouve appliqué contre les murs, les quais, et les parapets des ponts.

Ab. A. Guénée.

Plus grande et plus robuste, lignes mieux écrites, surtout la coudée qui est très-entière et à dents plus prononcées. Les deux taches médianes bien comblées de noirâtre. Ailes inférieures salies de noirâtre, avec une bande terminale noirâtre, marquée seulement de deux points blanchâtres à l'angle anal *(Guénée)*.

Chamouny, *Guénée;* Pyrénées-Orientales, *Bellier*.

Perloides, Guénée.

27^m. Ailes supérieures plus oblongues et un peu plus prolongées à l'angle apical que celles de *Perla ;* fortement saupoudrées de jaunâtre ou de gris-verdâtre. Lignes bien écrites, l'extrabasilaire se liant inférieurement à la demi-ligne, la coudée arrondie par en haut, comme chez *Glandifera*. Taches ordinaires contiguës; la réniforme plus petite et plus sombre. Frange marquée d'une double série de points noirs. Ailes inférieures plus sombres, n'étant point divisées au bord terminal par des taches blanches comme chez *Perla*. Palpes plus recourbés et plus ascendants que chez *Perla (Guénée, gén.)*.

Hautes-Pyrénées, Luchon, *Fallou*.

Glandifera, S.V., Dup. (pl. 34, fig. 3.)

28^m. Ailes supérieures d'un vert tendre, avec les lignes noires, irrégulières et bordées de blanc; la coudée assez bien indiquée et formant un demi-cercle à sa partie antérieure; extrabasilaire formant aussi trois arcs très-bien indiqués par deux petites flèches noires. Espace médian avec trois taches grisâtres et bordées très-irrégulièrement de noir. Côte avec beaucoup de points noirs. Frange festonnée, et séparée du bord terminal par un liseré noir également festonné. Ailes inférieures d'un gris-jaunâtre, avec deux lignes très-peu marquées. Tête et thorax verts mélangés de noir. Antennes jaunâtres et filiformes. — ♀ semblable.

Chenille ayant les mêmes mœurs que celle de *Perla*, et se trouvant avec elle et aux mêmes époques ainsi que le papillon. — Assez commun partout.

Var. *Par*. Hb., Dup.

Ailes supérieures d'un vert-grisâtre, avec tous les dessins confusément indiqués en gris ferrugineux, et n'étant noirs qu'à la côte. Avec le type et souvent aussi commune.

BOMBYCOIDÆ, Bdv.

Thorax arrondi, velu ou laineux, antennes courtes ou moyennes, palpes courts et velus, spiritrompe grêle et courte, ailes plus ou moins larges, et en toit assez aigu dans le repos.

Chenilles à 16 pattes égales, épaisses, cylindriques, à trapézoïdaux verruqueux et plus ou moins garnis de poils, vivant à découvert sur les arbres et les plantes. Chrysalides courtes, obtuses, renfermées dans des coques filées entre les branches ou les mousses, et non enterrées.

Genre DIPHTHERA, Och.

Antennes veloutées-pubescentes dans les mâles, simples dans les femelles. Spiritrompe grêle et assez longue. Palpes droits, écartés de la tête, les deux premiers articles plus ou moins velus et aplatis latéralement ; le dernier nu et cylindrique. Thorax uni. Abdomen crêté. Ailes larges, entières, les supérieures à franges entrecoupées, et à dessins noirs et bien tranchés.

Chenilles demi-velues, à tête grosse, vivant à découvert sur les arbres, et se métamorphosant entre des feuilles, dans des coques d'un tissu mou.

Orion, Esq. Dup. (pl. 34, fig. 2.)

35ᵐ. Ailes supérieures d'un beau vert-de-gris, avec la côte, le bord interne et deux bandes longitudinales d'un blanc-rosé dans les individus bien frais. Les lignes et les taches ordinaires, épaisses, irrégulières, d'un noir vif. Frange entrecoupée de noir et de blanc, et séparée du bord terminal par une rangée de sept points noirs triangulaires. Ailes inférieures noirâtres, avec la frange coupée de blanc et une double liture anale blanche. — ♀ semblable.

La chenille se trouve en août et septembre sur le chêne, et le papillon éclôt vers la fin du printemps. Il n'est pas rare dans presque toute la France, mais non toutes les années. On se le procure ainsi que sa chenille en battant les chênes dans le parapluie ou sur un drap. La chenille est délicate à élever.

Ludifica, L. Dup.

36ᵐ. Ailes supérieures d'un vert-jaunâtre pâle, avec les lignes ordinaires noires, ondulées et se terminant à la côte par des taches de formes différentes, également noires. La coudée est ordinairement bien marquée et géminée, la subterminale formée de taches de grandeurs inégales. Taches ordinaires d'un blanc-nacré bordé de noir. Réniforme très-irrégulière et orbiculaire très-petite. Ailes inférieures d'un blanc-jaunâtre, avec le bord interne lavé de fauve. Frange entrecoupée de noir.

Tête et thorax de la couleur des supérieures, et marquées de plusieurs lignes noires. Abdomen fauve avec une tache noire sur chaque anneau. — ♀ semblable mais plus grande que le ♂.

Cette belle espèce est rare en France ; elle n'a encore été trouvée que dans les Vosges ; en Alsace dans les bois et jardins, *De Peyerimhoff* ; à Rennes, *Oberthur* ; et dans le Jura, en mai, juillet et août. La chenille vit dit-on sur le chêne et sur le saule ; M. Le Paige, de Darney (Vosges), l'a trouvée sur l'aubépine.

Genre COLOCASIA, Och. Clidia, Bdv.

Antennes garnies de petites lames recourbées dans les ♂, légèrement dentées dans les ♀. Corps assez robuste ; palpes droits, dépassant un peu le front, sensiblement divergents à leur extrémité ; thorax velu, abdomen assez gros.

Chenilles garnies de poils assez raides, étoilés, médiocrement allongés, et implantés sur des tubercules peu saillants. Elles vivent en société sur les euphorbes et se transforment dans un léger cocon.

1.

Chamæsyces, Gn. (pl. 34, fig. 1.)

22^m. Ailes supérieures d'un brun clair, tachées de blanc à la côte et au bord terminal, avec les deux lignes médianes distinctes, blanches, lisérées extérieurement d'un filet brun foncé. La coudée très-sinueuse, denticulée, formant dans son milieu une saillie très-prononcée. Taches ordinaires nulles. Frange entrecoupée. Ailes inférieures d'un brun foncé uni. — ♀ semblable.

La chenille vit en familles nombreuses en juillet, sur les *Euphorbia characias*, *niceensis* et *chamœsyce*, dans les Pyrénées orientales et en Languedoc. Le papillon éclôt en mai et juillet.

Genre ACRONYCTA, Och.

Antennes assez courtes, cylindriques, filiformes dans les deux sexes. Palpes débordant un peu le front, leur second article épais, le troisième court et obtus. Spiritrompe longue. Thorax convexe, velu-lissé, bordé latéralement de noir. Abdomen long, velu latéralement, obtus dans les deux sexes. Ailes supérieures marquées dans beaucoup d'espèces, de la lettre grecque ψ; en toit incliné dans le repos, chenilles cylindriques, bombyciformes, ayant les points ordinaires verruqueux, souvent développés en mamelons et garnis d'un ou de plusieurs poils très-visibles. — Chrysalides courtes, obtuses, renfermées dans des coques entre les mousses et les écorces.

Pour faciliter l'étude de ce genre, nous le diviserons comme Duponchel par la forme des chenilles.

A. Chenilles portant une pyramide charnue sur le 4e anneau.

Psi, L., etc. (pl. 34, fig. 4.)

36^m. Ailes supérieures d'un gris plus ou moins blanchâtre, avec plusieurs lignes noires, dont une partant du thorax et s'avançant horizontalement jusqu'au tiers de l'aile, forme à son extrémité une espèce de trident; deux autres lignes également horizontales sont situées près du bord terminal et croisent la ligne coudée de manière à former la lettre ψ (*Psi*) d'où cette espèce a tiré son nom. On voit en outre dans l'espace médian, un petit *x* formé par la jonction des deux taches ordinaires qui ne sont marquées que du côté par où elles se touchent. Ailes inférieures d'un gris plus ou moins blanchâtre et luisant chez le ♂. Tête et thorax du même gris que les ailes supérieures. — ♀ semblable mais un peu plus grande, et avec les inférieures plus foncées.

La chenille vit principalement sur l'orme; mais on la trouve aussi sur les arbres fruitiers et forestiers; elle est commune dans toute la France depuis le mois d'avril jusqu'à la fin de l'automne. Elle passe l'hiver en chrysalide et le papillon éclôt depuis la fin de mai jusqu'au mois d'août. On le trouve souvent appliqué contre le tronc des arbres.

Cuspis, Hb., Dup.

De la taille de *Psi*, dont il est assez difficile de la distinguer. Voici les caractères qui servirent à la reconnaitre : Partie antérieure du thorax partagée, dans le milieu, *par un petit trait noir perpendiculaire*, qui manque toujours chez *Psi;* — ailes supérieures d'un gris clair un peu bleuâtre; — lignes noires du dessin des ailes supérieures ainsi que les points qui entre-coupent la frange, beaucoup plus épais que chez *Psi*. Ailes inférieures et abdomen lavés de jaunâtre ou de roussâtre, tandis que ces ailes sont d'un blanc sale chez *Psi*.

La chenille vit en septembre sur l'aune; l'insecte parfait paraît en juin, il est rare en France, parce qu'il a été probablement confondu avec *Psi*. — Indre, *Maurice-Sand;* Chateaudun, *Guénée;* Vosges, *Le Paige*. M. Jourdheuille a trouvé les chrysalides sous les mousses des frênes à Saint-André (Aube).

Tridens, S.V., etc.

Cette espèce ne diffère de *Psi*, que par la teinte d'un gris vineux ou rougeâtre de ses ailes supérieures. Les inférieures du ♂ sont ordinairement plus blanches.

La chenille différente de celle de *Psi*, se trouve aussi dans une grande partie de la France, mais elle est généralement moins commune. Elle vit en août et septembre sur l'orme, le poirier, l'aubépine, le prunellier, l'églantier, la ronce, etc. Elle passe l'hiver en chrysalide et le papillon éclôt en mai et juin

B. Chenilles à longs poils implantés directement dans la peau.

Leporina, L., etc.

40ᵐ. Ailes supérieures d'un blanc mat quelquefois un peu roux, ou légèrement saupoudré de gris, avec plusieurs taches noires isolées en forme de chevron ; la principale au bout de la cellule. Frange blanche entrecoupée par des points noirs. Ailes inférieures blanches, un peu luisantes, avec quelques petits points noirs au bord terminal, mais qui manquent cependant quelquefois. Tête, thorax et abdomen blancs. Antennes blanches en-dessus, noires en-dessous. — ♀ semblable.

La chenille vit depuis le mois de juin jusqu'en octobre, sur le bouleau, l'aune, le tremble, les peupliers, les saules et quelquefois sur l'orme. Elle se change en chrysalide dans une coque entremêlée de poils et de petits morceaux d'écorce. — Le papillon éclôt en mai, juillet et août, il se trouve dans presque toute la France, mais il est assez rare partout.

Var. *Bradyporina*. Tr.

Ailes supérieures saupoudrées d'atômes noirs, avec les ailes inférieures plus foncées et les nervures noirâtres. Mêmes localités mais plus rare.

Indépendamment de cette var. Engramelle en figure une autre dont le fond des ailes supérieures et les incisions abdominales sont d'un rose vif. Cette coloration se rencontre quelquefois chez d'autres espèces du genre *acronycta*.

Aceris, L., Dup.

40ᵐ. Ailes supérieures d'un gris-blanchâtre, quelquefois un peu teintées de jaunâtre avec les lignes et les taches ordinaires écrites en noirâtre. L'extrabasilaire et la coudée géminées ; cette dernière éclairée de blanc entre ses deux lignes ; côte ornée de plusieurs points noirâtres. Frange grise, entrecoupée par des petits traits noirâtres. Tête et thorax gris, mélangés de brun. Abdomen gris-roux. Antennes grises et filiformes dans les deux sexes. Ailes inférieures blanches avec les nervures marquées en gris roussâtre. — ♀ d'un gris plus foncé, avec toutes les lignes mieux écrites, et les nervures des inférieures beaucoup plus prononcées.

La belle chenille de cette espèce est commune en juillet et août, principalement sur le marronnier d'Inde, et aussi sur l'érable, l'orme et le tilleul. Nous avons vu il y a quelques années, sur une route nouvellement plantée de marronniers, tous ces jeunes arbres entièrement dépouillés de leurs feuilles par cette chenille, laquelle courait à terre de tous côtés faute de nourriture. Parvenue à toute sa grosseur vers la fin d'août, elle file une coque dans quelque trou de mur ou sous quelque abri, dans laquelle elle fait entrer ses poils. La chrysalide passe l'hiver et le papillon éclôt au printemps suivant. — Toute la France.

Ab. *Candelisequa*. Esp.

Ailes supérieures plus sombres, plus jaunâtres, avec les lignes et les taches plus distinctes. France méridionale.

C. Chenilles plates et demi-velues.

Megacephala, S.V., Dup.

42^m. Cette espèce offre le même dessin que la précédente, mais ses ailes supérieures sont d'un gris-noirâtre souvent teinté de rosé; la tache orbiculaire est plus grande, plus arrondie et se détache en clair sur l'espace médian, elle est en outre marquée d'un point noir dans son milieu. On remarque aussi entre la tache réniforme et la coudée un espace plus clair que le fond, et ordinairement teinté de rosé. Les traits qui entrecoupent la frange sont plus épais et s'appuient intérieurement sur de petites lunules blanchâtres. Les ailes inférieures sont d'un blanc sale avec leur bord marginal et leurs nervures noirâtres. Tête et thorax d'un gris-foncé; abdomen d'un gris plus clair. Antennes grises et filiformes dans les deux sexes. — ♀ semblable mais avec les ailes inférieures plus salies de grisâtre et les nervures mieux marquées.

La chenille se trouve en août et en septembre sur différents arbres, peupliers, tremble, saule, bouleau. Elle se chrysalide en terre, et souvent aussi sous les écorces des peupliers et des trembles; c'est dans ces conditions que l'on peut facilement se procurer cette chrysalide. Le papillon éclôt en mai et juin, quelquefois en août. Commun partout.

Ab. A. Engramelle.

Ailes supérieures d'un blanc rosé, avec tous les dessins très-distincts. Rare.

D. Chenilles presque glabres, à 11e anneau relevé en pyramide.

Strigosa, S.V., Dup.

28ᵐ. Ailes supérieures d'un gris-jaunâtre, avec les deux lignes médianes plus claires ; l'extrabasilaire fortement bordée de noir des deux côtés est très-anguleuse ; la coudée plus légèrement bordée de noir, ondulée et très-arrondie à sa partie supérieure. Entre ces deux lignes, on remarque les taches ordinaires dont les contours sont peu indiqués. La réniforme d'un jaune pâle, l'orbiculaire grise. L'intervalle qui sépare ces deux taches est noirâtre, et l'on voit aussi à la côte plusieurs points de la même couleur. On remarque, en outre, près de la base et au bord interne *une tache allongée d'un jaune-fauve*, ainsi qu'une ligne noire horizontale et parallèle à ce même bord, laquelle ligne est partagée en trois parties par les deux lignes médianes. Frange d'un jaune-fauve entrecoupé de noir. Ailes inférieures d'un gris-blanchâtre, avec une ligne arquée et un point central obscurs. Tête et thorax du même gris que les ailes supérieures. Antennes grises et filiformes dans les deux sexes.

Cette espèce est généralement rare en France, cependant elle est commune dans le département de l'Indre, *Maurice Sand;* Saône-et-Loire, *Constant,* rare ; Compiègne, rare, département du Doubs, rare, *Bruand;* nord de la France.

La chenille vit, dit-on, sur le bouleau et le papillon éclot en juin.

E. Chenilles glabres, avec quelques poils isolés.

Alni, L., Dup.

41ᵐ. Ailes supérieures d'un gris pâle, légèrement teinté de rose ou de bleuâtre; ombrées dans leurs moitiés inférieures, par du brun foncé qui remonte dans leur milieu jusqu'à la côte et forme deux taches séparées dans la partie claire. La première de ces taches part de la base de l'aile et s'étend en forme de triangle allongé jusqu'au-delà de la tache orbiculaire; la seconde, suborbiculaire, s'étend jusqu'à la coudée. Les deux lignes médianes se dessinent en gris sur la partie brune de l'aile. L'espace terminal est d'un gris plus foncé que les taches dont nous venons de parler. La frange est grise, entrecoupée de brun. Tête et thorax d'un gris clair avec une ligne noire bordant extérieurement les ptérygodes. — Antennes noirâtres et filiformes. Ailes inférieures blanches avec le bord terminal brun-enfumé. — ♀ semblable.

Chenille en juin, juillet et août, sur l'aune, le saule, les peupliers, l'osier, le tilleul, le bouleau. Elle file dans la mousse une coque légère, dans laquelle elle se change en chrysalide et le papillon éclôt en avril, mai et juin.

Cette belle espèce est toujours rare, elle a été trouvée dans les Vosges, *Le Paige;* en Alsace, Strasbourg et

Mulhouse, *Gerber* et *Peyerimhoff*; dans l'Indre, *Maurice Sand*; la Charente, *Delamain*; à Chamouny, *Fallou*; en Auvergne, *Guillemot*; dans la Lozère, *Bellier*; Autun, *Constant*.

LIGUSTRI, S.V., Dup. (pl. 34 fig. 5.)

35ᵐ. Ailes supérieures d'un brun foncé chatoyant en violet, avec une grande tache d'un blanc plus ou moins pur vers l'extrémité de chaque aile. Toutes les lignes sont peu distinctes ainsi que la réniforme qui se détache à peine du fond ; l'orbiculaire seule est très-visible ; elle est de couleur feuille-morte, avec un cercle blanc ou gris. Le bord terminal est ponctué de noir, et la frange, d'un jaune-verdâtre, est entrecoupée de blanc. Ailes inférieures d'un gris un peu roux. Tête et thorax blancs avec plusieurs lignes et taches noires. Antennes noirâtres et filiformes. — ♀ semblable.

La chenille vit en juillet sur plusieurs espèces de jasminées ; principalement sur le troène, le frêne et le lilas ; elle se chrysalide en terre, et le papillon éclôt en mai et juillet. Assez commun.

F. Chenilles à tubercules piligères.

RUMICIS, L., Dup.

35ᵐ. Ailes supérieures d'un gris-noirâtre, traversées par des lignes noires, les unes ondées, les autres dentées. Taches ordinaires écrites également en noir. On remarque, en outre, sur chaque aile, *une petite tache blanche située vers l'extrémité inférieure de la coudée;* cette tache est caractéristique de cette espèce. La

frange est grise, festonnée et entrecoupée de noir.
Ailes inférieures d'un gris enfumé, avec le bord terminal lavé de noirâtre et la frange entrecoupée de
gris. Tête et thorax gris-noirâtre; abdomen gris-
jaunâtre ; antennes grises et filiformes.—♀ semblable.

Ab. A. Entièrement noire et sans aucun dessin appa-
rent; les deux petites taches blanches du bas de la
coudée sont seules visibles. Indre, *Maurice Sand;* Fontainebleau, *Berce*.

La chenille vit en juin, juillet, août, septembre, sur
la persicaire, la ronce, le rosier, l'oseille, la pa-
tience. etc. Elle est commune partout ainsi que le
papillon qui éclôt en avril, juin, juillet et souvent beaucoup plus tard.

Auricoma, S.V., Dup.

34^m. Cette espèce ressemble beaucoup à *Rumicis;* ses
ailes supérieures sont d'un gris clair, avec l'espace
terminal plus foncé ; les lignes sont assez bien écrites
en noir; l'extrabasilaire géminée; la coudée fortement dentée et éclairée de blanc intérieurement. Les
taches ordinaires sont aussi cerclées de noir; enfin,
un trait noir rameux et horizontal part de la base de
l'aile et s'étend jusqu'à l'extrabasilaire. Frange grise
entrecoupée de noir. Ailes inférieures d'un gris-roussâtre avec le bord et les nervures d'une teinte un peu
plus foncée.

Tête et thorax de la couleur des supérieures. Antennes grises et filiformes. — ♀ semblable mais avec
les ailes inférieures plus foncées que le ♂.

La chenille vit en juin, juillet et septembre sur beaucoup d'arbres et d'arbustes, tels que ronce, tremble, bruyère, bouleau, saule marceau, etc. Le papillon paraît en avril et mai, juillet et août ; il se trouve un peu partout, mais il est moins commun que *Rumicis*.

Ab. *Pepli*. Hb.

D'un gris plus bleuâtre et plus saupoudré d'atomes noirs, ce qui rend les dessins moins distincts. Frange très-nettement entrecoupée. Ailes inférieures du mâle blanchâtres au centre. Assez rare. Indre, *Maurice Sand* ; Normandie.

Euphrasiæ, Bkh., Dup.

32ᵐ. Ailes supérieures d'un blanc-grisâtre légèrement teinté de jaunâtre et saupoudrées de fins atomes noirs. Les deux lignes médianes plus ou moins bien écrites ; la première géminée, ondée ; la seconde denticulée. La tache orbiculaire petite, arrondie ; la réniforme beaucoup plus grande. Traits costeaux bien marqués : le tout noirâtre. Frange entrecoupée de traits noirs. Ailes inférieures blanches dans le mâle, d'un cendré obscur dans la femelle ; thorax mêlé de blanc et de gris. — ♀ semblable, mais souvent brune ou d'un brun jaunâtre.

La chenille vit principalement sur l'*euphorbe cyparisse*, mais aussi sur l'*euphraise*, l'*hélianthème*, la *ronce*, le *myrtille*, et selon M. Oberthur elle vit exclusivement en Bretagne sur la bruyère commune. On la trouve en juin et en septembre. Pour se chrysalider elle file entre les feuilles une coque ovoïde d'un blanc pur.

Le papillon éclôt en mai pour la première fois et en août pour la seconde. Il n'est pas rare dans une grande partie de la France.

Aʙ. *Esulæ*, Hb.

Var ♀ assez rare, d'un ton bistré, avec les lignes et les taches très-bien écrites. *Guénée.*

Euᴘʜᴏʀʙɪᴀᴇ, S.V., Dup.

32ᵐ. Très-voisine et très-difficile à distinguer de la précédente ; dont elle ne diffère que par l'absence de toute teinte jaunâtre sur les ailes supérieures et le thorax, enfin par une couleur générale d'un gris plus cendré ou plus bleuâtre. — ♀ d'une teinte plus foncée, plus uniforme, avec les dessins moins tranchés.

La chenille vit en juillet et août sur l'*euphorbe cyparisse*. L'insecte parfait en mai. Rare. Département de l'Indre, *Maurice Sand* ; Alsace, *de Peyerimhoff* ; Auvergne, *Guillemot* ; Pyrénées-Orientales, *de Graslin* ; Aube, *Jourdheuille*.

Obs. N'ayant jamais élevé nous-même cette chenille, nous ne pouvons nous prononcer sur la validité de cette espèce, sur laquelle les entomologistes sont loin d'être d'accord.

Aʙ. *Montivaga*, Gn.

Ailes supérieures d'un gris-ardoisé foncé, avec un léger mélange de blanc-bleuâtre et les dessins presque absorbés par la couleur du fond. Chamouny, *Guénée* ; Larche (Basses-Alpes), *Bellier*.

Genre SIMYRA, Tr.

Antennes courtes, garnies de lames pubescentes dans les mâles. Palpes courts, grêles, velus, à dernier article à peine distinct. Spiritrompe nulle ou rudimentaire. Thorax velu, arrondi. Ailes supérieures à sommet plus ou moins aigu, sans taches ni lignes transversales, mais rayées longitudinalement.

Chenilles cylindriques, avec des points verruqueux surmontés d'aigrettes de poils. Elles vivent principalement sur les euphorbes, et aussi dit-on sur les graminées.

NERVOSA, S.V., Dup.

35^m. Ailes supérieures très-lancéolées, d'un jaune d'ocre sale, avec leurs premières moitiés lavées de blanchâtre et saupoudrées d'atomes noirs. Nervures blanchâtres, bordées de chaque côté, à partir de la cellule, de deux filets gris foncé. Taches et lignes ordinaires nulles. Ailes inférieures d'un gris obscur mêlé de blanc, selon le sexe; frange blanche ou jaunâtre. Corps de la couleur des ailes.

La chenille vit en juin sur les euphorbes, les rumex et quelques autres plantes basses. Le papillon parait en avril et en juillet; il est rare en France. Alsace dans les prairies humides. *De Peyerimhoff*.

VENOSA, Bkh., Dup. (pl. 34, fig. 6.)

32^m. Ailes supérieures d'un jaune d'ocre pâle, saupoudrées d'atomes bruns, avec les nervures blanches et deux lignes longitudinales noires sur chacune d'elles. La première de ces lignes part de la base et s'avance en se courbant un peu, jusqu'au centre ; la seconde placée au-dessus commence où la première finit et se termine un peu avant le bord externe, en se divisant ordinairement en deux. Une troisième ligne plus courte part également de la base et longe le bord interne. Frange blanchâtre. Ailes inférieures d'un blanc jaunâtre. Tête et thorax de la couleur des supérieures. — ♀ semblable mais beaucoup plus grande. Selon de Geer, la chenille se nourrit de graminées, en juillet ; elle se chrysalide dans une coque de soie blanche très-mince, et le papillon éclôt au mois de juin de l'année suivante. Est et centre de la France.

LEUCANIDÆ, Gn.

Antennes pubescentes ou crénelées, palpes bien développés, ascendants, velus, hérissés ; spiritrompe moyenne. Thorax arrondi. Abdomen assez grêle, lisse terminé carrément dans les mâles, coniquement dans les femelles ; ailes oblongues, les supérieures entières, de couleurs pâles ou ternes, peu chargées de dessins, à lignes et taches peu distinctes, souvent striées en longueur ; en toit incliné dans le repos.

Chenilles à 16 pattes égales, cylindriques, allongées, rases, sans éminences, de couleurs pâles. Elles se tiennent cachées pendant le jour au pied des plantes dont elles se nourrissent. Chrysalides renfermées soit dans une coque non filée et enterrée, soit dans les tiges où les chenilles ont vécu.

Genre SYNIA, Dup.

Antennes pubescentes dans les mâles. Palpes très-grêles, peu velus et peu adhérents à la tête. Spiritrompe courte, mince, peu visible. Thorax rond, velu. Abdomen long, cylindrique, terminé par une brosse de poils carrée dans le mâle, et en pointe obtuse dans la femelle. Ailes supérieures ayant la côte légèrement sinuée au milieu.

La chenille est inconnue.

Musculosa, Hb., Dup. (pl. 34, fig. 7.)

30ᵐ. Ailes supérieures d'un jaune d'ocre pâle, avec les nervures et la frange rousse. Espace médian également roux, avec les taches ordinaires se détachant en clair sur ce fond roux. Orbiculaire très-allongée dans le sens des nervures. Ailes inférieures d'un blanc jaunâtre. Tête et thorax roux. Antennes rousses. — ♀ un peu plus grande, d'un jaune verdâtre pâle, avec les nevures noirâtres.

Cette espèce dont la chenille n'est pas connue est rare. Département de l'Indre, *Maurice Sand;* Ervy (Aube), *Jourdheuille.*

Genre MITHYMNA, Och.

Ce genre ne comprenant qu'une espèce, nous en donnerons les caractères en décrivant cette espèce.

Imbecilla, F., Dup.

27[m]. Ailes supérieures d'un fauve rougeâtre nuancé de ferrugineux, surtout à la côte et à la frange, avec les lignes médianes et la demi-ligne, fines, d'un brun-rougeâtre. Ombre médiane rougeâtre traversant la réniforme qui est peu visible. Ailes inférieures noirâtres à frange rousse. Anus d'un rouge vineux. Antennes du mâle courtes, fortement crénelées de lames courtes et velues, celles de la femelle renflées au milieu, à articles courts. Palpes courts droits, velus, à dernier article court et tronqué. Spiritrompe courte. Thorax laineux subcarré. Abdomen court, grêle, caréné et velu dans les mâles, subovoïde et garni de bouquets de poils sur les côtés et à l'anus chez les femelles. Ailes entières, courtes, mates, un peu velues, à lignes distinctes.

♀ plus petite à ailes supérieures plus oblongues, d'un roux ferrugineux foncé, absorbant les lignes ordinaires; espace terminal un peu plus noirâtre, et le trait extérieur de la réniforme découpé en blanc jaunâtre. Ailes inférieures plus noires.

Chenille cylindrique, de couleurs sales, avec les trapézoïdeaux surmontés de poils isolés, vivant sur les plantes basses et se tenant cachée pendant le jour. Nous ne connaissons jusqu'à présent que deux localités où se trouve cette espèce; ce sont : le Mont-Dore d'Auvergne, *Chaudefour*, et les Basses-Alpes, où nous l'avons prise abondamment sur les fleurs des gentianes, en juillet.

Genre LEUCANIA, Och.

Antennes courtes, pubescentes, avec deux cils plus forts par article dans les mâles. Palpes épais, velus, serrés contre la tête, à dernier article très-court et subconique. Spiritrompe longue, thorax lisse, subcarré. Abdomen lisse, assez allongé, terminé carrément dans les mâles, et en pointe obtuse dans les femelles. Ailes supérieures entières à sommet plus ou moins aigu, ayant rarement les lignes et les taches bien distinctes. Ailes inclinées en toit dans le repos.

Chenilles cylindriques, pâles, rases, marquées d'un grand nombre de lignes fines, avec la tête subglobuleuse et un peu rétractile, vivant de graminées et se cachant pendant le jour, soit entre les touffes de ces plantes, soit sous les feuilles sèches. Chrysalides lisses, luisantes, contenues dans des coques légères, sur la terre.

Conigera, S. V., Dup.

32ᵐ. Ailes supérieures très-aiguës à l'angle apical, d'un fauve-rougeâtre, avec les nervures et les deux lignes médianes brunes ; l'extrabasilaire formant un angle aigu intérieurement ; la coudée un peu flexueuse et parallèle au bord externe. Espace médian avec une ombre brune sur laquelle on aperçoit les deux taches ordinaires, d'un jaune fauve, *la réniforme marquée inférieurement d'un point blanc*. Frange, tête et thorax de la couleur des ailes. Abdomen d'un jaune-fauve ainsi que les antennes. Ailes inférieures d'un gris-jaunâtre. — ♀ semblable mais d'un ton plus terne.

La chenille vit en février et mars sur les graminées sous les touffes desquelles on la trouve. Insecte parfait en juin, juillet, août et septembre. Versailles, *Goosens*; département de l'Indre, *Maurice Sand*; de Saône-et-Loire, de la Gironde, du Doubs, Bourgogne, Alsace, Auvergne, Basses-Alpes. Assez rare partout.

Vitellina, Hb., Dup.

37ᵐ. Ailes supérieures variant du jaune-paille jusqu'au roux-jaunâtre vif, avec les nervures et les lignes d'un brun-rougeâtre; l'extrabasilaire très-ondulée; la coudée et la subterminale presque parallèles. Taches ordinaires de la couleur des lignes avec un point noirâtre à la base de la réniforme. Ailes inférieures d'un blanc jaunâtre. Tête, thorax et antennes de la couleur des supérieures. Abdomen de celle des inférieures. — ♀ semblable.

La chenille se trouve au commencement du printemps et en automne sur les graminées et selon M. Trimoulet sur les *Rumex*, elle se chrysalide en terre sans former de coque bien sensible. L'insecte parfait éclôt en juillet, août et septembre. Il n'est pas rare dans le centre et le midi de la France; Hyères, *Fallou*; Gironde, marais et prairies humides, *Trimoulet*; Charente, très-commun, *Delamain*; Indre, commun. *Maurice Sand*; Auvergne; Châteaudun; Bayonne dans les dunes, *Guénée*; Saône-et-Loire, *Constant*.

Turca, L., Dup.

42ᵐ. Ailes supérieures d'un fauve rougeâtre finement jaspé de brun-rouge, avec l'espace médian plus foncé, et les lignes médianes brunes, un peu sinueuses, plus écartées entre elles à la côte, qu'au bord interne. Tache réniforme indiquée par un petit trait blanc bordé de brun; orbiculaire nulle. Ailes inférieures d'un gris-rougeâtre. Frange des quatre ailes couleur lie de vin. Tête, thorax et abdomen d'un brun-rouge. Antennes rougeâtres. Chenille en février, mars et avril, sur les graminées des bois et principalement sur la *Luzula vernalis*, et la *Briga media*. Le papillon éclôt en août; il se prend en battant les arbres et à la miellée. Assez commun dans quelques localités, nord de la France, Paris, Saint-Germain, assez rare dans d'autres; Auvergne, Indre, Gironde, etc.

Lithargyria, Esp., Dup. (pl. 34, fig. 8.)

38ᵐ. Ailes supérieures d'un gris ferrugineux, *avec un point blanc se fondant par en haut dans une lunule claire, qui forme avec lui la tache réniforme.* Coudée peu visible, et suivie d'une série de points noirs assez bien marqués. Ailes inférieures d'un gris luisant, teinté de brun vers la frange, qui est rougeâtre. Tête et thorax de la couleur des supérieures. Le dessous des quatre ailes est d'un brillant métallique, avec un bouquet de poils noirs à la base de l'abdomen. — ♀ semblable, mais n'ayant pas le dessous des ailes métallique, ni de bouquet de poils noirs à l'abdomen.

La chenille éclôt en automne, passe l'hiver et parvient à toute sa taille vers la fin d'avril. Elle vit de graminées, surtout d'espèces à feuilles rudes, *Bromus pinnatus*, etc. Le papillon éclôt en mai et juin, puis une seconde fois en août et septembre. Il est assez commun partout. *L'Anargyria* de Duponchel n'est que la femelle de cette espèce.

VAR. A, Guénée.

Ailes supérieures d'un gris-blanchâtre clair, sans aucune teinte ferrugineuse. Ailes inférieures blanches, avec les nervures et le bord terminal gris, et une rangée de points noirs sur le disque. France méridionale ; Fontainebleau ; Indre, *Maurice Sand*.

ALBIPUNCTA, S.V., Dup.

34ᵐ. Elle ressemble beaucoup à *Lithargyria,* avec laquelle on la confond souvent ; mais elle est toujours plus petite, ses ailes supérieures sont plus ferrugineuses, et le point discoïdal blanc est isolé, bien marqué, et ne se confond pas dans une lunule claire, comme chez la précédente. — ♀ se distinguant du mâle par les mêmes caractères que celle de *Lithargyria.*

La chenille vit sur les graminées et sur les plantains aux mêmes époques que celle de *Lithargyria ;* le papillon éclôt aussi en juin, juillet, août et septembre, et n'est généralement pas plus rare.

C'est en secouant les feuilles sèches sur la nappe ou dans le parapluie, en février et mars, que l'on peut se procurer ces deux chenilles, ainsi que celles d'un grand nombre de noctuelles ; car elles vivent cachées pendant le jour.

2.

Dactylidis, Bdv.

34^m. Ailes supérieures, d'un gris-carné clair, saupoudré de fins atomes bruns, avec la côte plus claire. Un petit point blanc légèrement marqué de noir au bout de la cellule, et une série de très-petits points noirs parallèles à la coudée, dont on voit à peine la trace. Frange et bord terminal obscurs. Ailes inférieures blanches, avec les nervures et le bord légèrement carnés. — ♀ avec les ailes supérieures plus foncées, presque sans atomes. Ailes inférieures à peine plus obscurs que celles du mâle. Provence, Languedoc en juin. Pyrénées-Orientales en août, *de Graslin*. Très-rare.

Scirpi, Bdv.

28^m. Ailes supérieures d'un gris-roussâtre, très-finement sablé de brunâtre, avec un petit point blanc en croissant, ordinairement accolé à un très-petit point noir, et une ligne peu visible de petits points foncés derrière la coudée qui est nulle. Ailes inférieures blanchâtres avec le limbe lavé de gris. Tête, thorax et antennes de la couleur des supérieures. Chenille inconnue.

Papillon en mai et juin; midi de la France, Montpellier; département des Landes, de la Gironde, *Trimoulet*. Très-rare.

Zeae, Dup.

33^m. Ailes supérieures d'un gris-rougeâtre luisant, avec un petit point central blanc, les nervures noirâtres, et une ligne transverse de très-petits points noirs, placés sur les nervures. Ailes inférieures blanches, ainsi que la frange, qui est précédée d'une rangée de petits points noirs. — ♀ semblable.

La chenille vit sur le maïs ; elle se loge entre les feuilles qui enveloppent l'épi femelle aux dépens duquel elle se nourrit, s'y change en chrysalide, et n'en sort que sous l'état de papillon, en juillet.

Cette chenille cause souvent de très-grands dommages aux champs de maïs. France méridionale, Montpellier.

PUNCTOSA, Tr., H.S.

32^m. Ailes supérieures d'un ferrugineux testacé blanchâtre, avec les nervures blanches, et une ombre médiane, longitudinale, ainsi que le bord externe et la frange bruns. Point discoïdal petit, blanc. Une série de très-petits points noirs à la place de la coudée : cette série faisant un coude rentrant très-prononcé avant d'atteindre le bord supérieur. Quelques autres points noirs à la place de l'extrabasilaire. On voit en outre des traits d'un jaune-roussâtre entre les nervures. Palpes avec des poils assez longs en forme de houppes. Ailes inférieures blanches chez le mâle, et avec les nervures et le bord terminal piquetés de bruns chez la femelle. Chenille en mars sur les graminées. Papillon du 15 au 20 juillet. France méridionale ; M. Millière l'a pris à Cannes et à Celles-les-Bains (Ardèche).

PUTRESCENS, Hb., *Boisduvalii*, Dup.

Un peu plus grande que *Punctosa* à laquelle elle ressemble beaucoup pour les dessins et la disposition des couleurs. Ailes supérieures plus larges, plus aiguës à l'angle apical, d'un brun testacé, avec leur centre et leur extrémité ombrés de brun-noirâtre et les nervures blanches, *bien distinctes*. Ligne de points remplaçant la coudée, *traversant toute l'aile* ; ces points bien marqués, ainsi que ceux à la place de l'extrabasilaire. Point discoïdal d'un blanc sale. Entre les nervures, de longs rayons rougeâtres finissant en points noirs au bord externe. Frange noirâtre, *entrecoupée par des lignes jaunâtres*. Ailes inférieures blanches dans le mâle, avec une série terminale de points noirs, très-fins, et avec le bord et les nervures piquetés de brun chez la femelle. Chenille sur les graminées, en mars ; reste renfermée dans sa coque sans se chrysalider jusqu'au 15 ou 20 juillet. France méridionale et occidentale ; dunes de la Bretagne, *Guénée*. En juillet et août.

Obsoleta, Hb., Dup.

34ᵐ. Ailes supérieures d'un gris-jaunâtre et *striées de brun entre les nervures*, avec un point blanc au bout de la cellule, et deux lignes transverses de points noirs. Frange simple, de la couleur des ailes et précédée d'une série de petits points noirs. Ailes inférieures d'un blanc sale avec leur extrémité et les nervures noirâtres. Tête, thorax et antennes d'un gris-jaunâtre. — ♀ semblable.

La chenille vit en août et septembre sur le roseau à balais, *Arundo phragmites*, dont elle mange les feuilles. Pendant le jour elle se réfugie dans les tiges coupées. elle y passe l'hiver, et s'y change en chrysalide au printemps. Le papillon éclôt en juin. Nord et centre de la France ; commun dans l'Indre en septembre, *Maurice Sand*.

LOREYI, Dup.

35ᵐ. Ailes supérieures d'un jaune d'ocre pâle avec l'espace terminal roussâtre et striées très-finement de brun entre les nervures qui sont blanches. Il y a en outre au bout de la cellule un point blanc triangulaire, placé sur une raie brune longitudinale qui part de la base de l'aile, et se prolonge vers l'angle apical. La coudée est figurée par une ligne de points noirâtres placés sur les nervures. Ailes inférieures blanches avec les nervures, et une série de points précédant la frange, noirâtres.

La chenille vit au printemps et en automne sur les graminées et se métamorphose en terre. Le papillon éclôt en mai et juillet, France méridionale, Provence.

LITTORALIS, Curt.

36ᵐ. Ailes supérieures aiguës à l'angle apical, d'un gris-ocracé pâle, surtout à la côte, traversées longitudinalement par une nuance fondue d'un brun clair, sur laquelle se découpent en blanc la nervure médiane et la deuxième inférieure entière, ainsi que l'origine des troisième et quatrième inférieures. Extrémité des nervules légèrement blanchâtres, avec quelques légers traits bruns dans leurs espaces. Les nervures et leurs rameaux sont très-épais et font saillie sur la surface de l'aile. Frange brune. Ailes inférieures d'un blanc luisant. Tête et thorax d'un brun clair. Abdomen blanc sur les trois premiers anneaux, et ensuite jaune-ocracé très-pâle. *Guénée*.

La chenille éclôt pendant l'hiver, et vit pendant les mois de janvier, février, mars, avril et mai, puis en juillet, au pied du *Calamagrostis arenaria*, et quelquefois sur le *Triticum acutum*; elle mange les feuilles de la plante et surtout leurs gaînes. Au commencement de mai, elle sécrète une liqueur gommeuse dont elle se sert pour former une coque de sable très-friable. Le papillon éclôt en juin et en août. *Mabille*.

Cette espèce, découverte d'abord en Angleterre, et ensuite en France par M. de Graslin, habite les dunes de la Vendée, de la Bretagne et de la Normandie, ainsi que les rivages de la Méditerranée.

PUDORINA, S.V., Dup.

37ᵐ. Ailes supérieures d'un gris-rosé, finement pointillées de brun entre les nervures, avec la frange très-étroite. Ailes inférieures du même gris-rosé, mais pointillées seulement en dessous, avec la frange très-large. Tête et thorax de la couleur des ailes. Antennes grises. — ♀ semblable.

La chenille vit de graminées, comme celle de *Lithargyria* à laquelle elle ressemble beaucoup. Elle se métamorphose en terre au printemps, après avoir passé l'hiver, et le papillon éclôt en juin et juillet; il n'est pas rare aux environs de Paris, mais paraît l'être davantage dans d'autres localités; Bourgogne, *Constant;* Gironde, *Trimoulet;* Indre, *Maurice Sand;* Charente, *Delamain;* Doubs, *Bruand.*

Comma, L., Dup.

34ᵐ. Ailes supérieures d'un gris-jaunâtre, plus clair à la côte, avec les nervures blanchâtres, surtout la médiane, au-dessous de laquelle on voit une ligne brunâtre, laquelle ne dépasse pas ordinairement l'extrémité de la cellule ; l'espace cellulaire est aussi souvent brunâtre, ainsi que l'intervalle des nervures, principalement vers le bord externe. Ailes inférieures d'un gris blanchâtre, avec les nervures brunes. Tête et thorax d'un gris-jaunâtre. — ♀ semblable.

La chenille vit solitaire sur différentes plantes basses, principalement sur l'oseille ; elle aime les endroits frais et humides, et se cache sous les feuilles dès qu'elle a fini de manger. Le papillon éclôt en juin et juillet ; il vole sur la brune, et c'est le moment qu'il faut choisir pour le chasser. Il n'est pas très-répandu partout, et paraît plus commun dans le nord que dans le reste de la France.

L. Album, L., Dup. (pl. 34, fig. 9.)

30ᵐ. Ailes supérieures d'un gris-jaunâtre, plus clair à la côte, avec une ombre brune s'étendant longitudinalement de la base de l'aile jusqu'au bord externe, cette ombre est coupée à partir de l'angle apical par une bande oblique de la couleur du fond des ailes, sur laquelle on voit une série de petits points noirs, et au-dessous de cette bande, une autre plus courte de la même couleur. Mais ce qui distinguera toujours cette espèce, c'est : *un trait blanc terminé à son extrémité supérieure par un petit crochet, de manière à figurer assez exactement un* L. Ce qui a fait donner son nom à cette espèce. *L. blanc.* Frange grise, séparée du bord externe par un double liseré brun. Tête et thorax de la couleur des supérieures. Abdomen de celle des inférieures, qui sont d'un gris-blanchâtre avec l'extrémité lavée de brun et les nervures brunes. — ♀ semblable, mais un peu plus grande.

Chenilles vivant de plantes basses, dans le voisinage des marais et dans les prairies humides, en avril et en août. Le papillon éclôt en juillet, puis en septembre et octobre. Il est assez répandu partout; vole souvent en plein jour, et se prend facilement à la miellée.

RIPARIA, Rbr., Dup.

34ᵐ. Cette espèce ressemble un peu à *L. Album.* Ailes supérieures d'un blanc-rosé, avec des parties plus foncées, d'un brun-jaunâtre; cette dernière teinte occupe surtout la partie moyenne et longitudinale de l'aile; elle est coupée par une bande claire qui descend obliquement de l'angle apical. Les nervures sont d'un blanc-rosé. Ailes inférieures blanchâtres à la base, et d'un brun légèrement fauve dans le reste de l'aile; frange blanchâtre; corps d'un gris souvent teinté de rose, avec la partie antérieure traversée par trois lignes brunes. Les mâles portent en dessous, à la jonction du ventre avec la poitrine, une touffe épaisse de poils noirâtres, au centre de laquelle existe un paquet serré de poils blancs. *Rambur.* — ♀ d'un gris plus pâle ou plus jaunâtre.

Cette espèce a été trouvée à Montpellier, ainsi qu'à

Perpignan, sur les bords de la Tet, en mai, août et septembre. La chenille en avril. Rare.

Congrua, Hb., *Amnicola*, Rbr., Dup.

33m. Très-voisine de l'*Obsoleta*. Ailes supérieures d'un jaune-roux, finement striées de brun, avec la nervure médiane plus épaisse et renflée en un point d'un blanc-jaunâtre à l'endroit où elle se divise en trois rameaux. Cette nervure est plus ou moins teintée d'un brun-rosé, et de l'angle apical part une légère éclaircie souvent peu sensible. Ligne transverse de petits points réduite à deux ou trois, et manquant souvent tout à fait. Frange roussâtre, précédée d'une ligne de petits points noirs. Tête et thorax d'un gris-roussâtre, avec trois lignes brunes sur le collier. Ailes inférieures avec la base et le bord antérieur d'un blanc-jaunâtre luisant; le reste d'un brun-jaunâtre assez foncé, excepté le bord interne, qui est blanchâtre, ainsi que la frange. Le mâle porte, comme celui de *Riparia*, une touffe de poils noirs à la jonction de l'abdomen et du thorax. — ♀ semblable.

La chenille se trouve dans les prairies et les endroits herbeux du midi de la France. On la rencontre à la fin de l'automne, encore très-petite, sur les tiges de maïs, où elle se tient cachée entre les feuilles; puis ensuite dans le courant de l'été. Le papillon habite les environs de Montpellier en mai, puis en août, septembre et octobre, ainsi que le département de l'Indre, *Maurice Sand*.

Sicula, Tr. Var. *Fuscilinea*, de Graslin.

27ᵐ. Ailes supérieures d'un gris-roussâtre, avec les nervures blanchâtres et un point central blanc, suivi en dedans d'un autre point noir beaucoup plus petit. Ces points partagent à peu près par la moitié *une ligne longitudinale, longue, brune, assez déliée, placée sur le milieu de l'aile ;* une autre ligne brune, un peu plus courte, partant de la base de l'aile, se voit au-dessous et à peu de distance de la première. On voit en outre, entre le point blanc et le bord externe, une ligne courbe formée de petits points noirâtres. Frange d'un gris-roussâtre. Tête et thorax de la couleur des ailes. Ailes inférieures grises, un peu plus foncées sur le bord, avec les nervures d'un brun-roussâtre. — ♀ semblable, mais d'un ton plus pâle.

La chenille vit sur le bord de la mer en août, et le papillon éclôt en juin de l'année suivante.

Cette espèce a été découverte en Vendée par M. de Graslin.

Albivena, de Graslin.

De la taille de la précédente, dont elle est très-voisine. Ailes supérieures d'un gris-jaunâtre pâle, ombrées de brun-noirâtre sur le milieu, avec un point central blanc, suivi en dedans d'un autre point noir plus petit. Nervures se détachant en gris-blanchâtre sur la couleur du fond. On voit aussi, entre le point blanc et le bord externe, une ligne courbe de petits points noirâtres, et à peu de distance de cette ligne, en dedans, on aperçoit le rudiment d'une autre ligne semblable, mais beaucoup moins marquée. Ailes inférieures d'un blanc-grisâtre, avec un léger reflet nacré. Tête et thorax de la couleur des supérieures.

Papillon en août, dans les mêmes localités que *Fuscilinea*.

STRAMINEA, Tr., Dup.

33^m. Ailes supérieures couleur nankin, plus claire à la côte et au bord interne, avec les nervures plus claires et une ombre brune partant de la base et longeant le dessous de la nervure médiane. Elles sont, en outre, ornées chacune de trois points noirs formant le triangle, ainsi que de petits atomes noirs le long du bord interne. Frange plus claire que le fond, unie et souvent précédée d'une ligne de points noirs très-fins. Ailes inférieures d'un blanc sale, ainsi que la frange. Elles sont ombrées de brun dans leur longueur et traversées au milieu par une rangée courbe de quatre points noirâtres, placés sur les nervures. Tête, thorax et antennes de la couleur des supérieures. Abdomen blanchâtre avec son extrémité jaune. — ♀ semblable.

La chenille se trouve, dès le mois de février, dans les prairies basses et au bord des ruisseaux. Le papillon éclôt en juillet dans la France centrale et occidentale, ainsi que dans le département de l'Indre, *Maurice Sand*. Il est assez rare partout.

IMPURA, Hb., Dup.

35^m. Ailes supérieures d'un gris sale mêlé de jaunâtre, avec la côte et les nervures plus pâles, et une ligne noire longitudinale s'étendant depuis le thorax jusqu'an tiers de l'aile ; cette ligne est placée immédiatement au-dessous de la nervure médiane. On voit en outre plusieurs autres lignes noires, mais beaucoup plus courtes, placées entre les nervures, vers l'extrémité de l'aile. Frange du même ton que les ailes, précédée d'une série de points noirs. Ailes inférieures d'un gris uni, et à peu près de la nuance des supérieures. Tête et thorax de la couleur des ailes, ainsi que l'abdomen, dont l'extrémité est un peu rousse. — ♀ semblable.

La chenille vit dans les bois humides, les prairies marécageuses et le bord des étangs. Le papillon se trouve dans les mêmes localités. France centrale et boréale. Paris, *Fallou;* Auvergne, *Guillemot;* Doubs, Saône-et-Loire, *Constant;* Indre, *Maurice Sand;* Aube, *Jourdheuille.* Pas très-commun partout.

PALLENS, L., Dup.

32^{m}. Ailes supérieures d'un ocracé-roussâtre pâle, avec les nervures plus claires et de légères nuances carnées ou noirâtres entre elles. On voit en outre trois petits points noirs en triangle, dont un au bout de la médiane et les deux autres sur les 1re et 4e inférieures, ceux-ci manquant quelquefois. Ailes inférieures d'un blanc pur. — ♀ ayant les ailes supérieures plus aiguës à l'angle apical, et les inférieures sablées de noirâtre dans leur milieu.

Chenille en mars, avril et août sur les graminées et d'autres plantes basses. Le papillon est commun partout, en juin, août et septembre.

Var. *Ectypa*, Bdv.

Ne diffère des individus ordinaires que par la couleur plus fortement roussâtre de ses ailes supérieures.
Mêmes localités.

Phragmitidis, Hb., Dup.

32^m.Ailes supérieures d'un blanc-jaunâtre, légèrement teintées de verdâtre dans les individus bien frais, avec le bord externe d'un brun-rougeâtre; sans taches ni lignes. Ailes inférieures un peu plus grisâtres. Tête, thorax et abdomen de la couleur des ailes. — ♀ semblable.

La chenille vit sur le roseau à balais, *arundo phragmites*. Elle se retire pendant le jour dans les tiges sèches de cette plante. Sa métamorphose a lieu en juin, et l'insecte parfait éclôt en juillet.

Est de la France, bords du Rhin, environs de Paris. Toujours rare.

Genre SESAMIA, Guénée.

Antennes courtes, garnies chez les mâles de longues lames pubescentes. Palpes rapprochés, droits, velus, à dernier article épais, peu distinct. Spiritrompe presque nulle. Abdomen lisse, cylindrique, très-long, très-volumineux et obtus chez la femelle.

Chenille médiocrement allongée, à tête petite, de couleurs sales, à trapézoïdaux non verruqueux, à plaques cornées distinctes, vivant dans l'intérieur des tiges des graminées, dont elle ronge la moelle. Chrysalide contenue dans les tiges mêmes.

Nonagrioides, Lef. *Hesperica*, Rbr., Dup.

30ᵐ. Ailes supérieures d'un gris-jaunâtre, avec le bord terminal liseré de noirâtre très-fondu et ne touchant point les bords. Nervure médiane ombrée au-dessous de la même couleur, et suivie d'une série courbe de points noirs très-petits. Ailes inférieures d'un blanc pur. — ♀ semblable, mais plus grande.

Chenille vivant dans les tiges du maïs, dont elle mange la moelle, et aussi, dit-on, dans les tiges du sorgho. On en trouve souvent deux ou trois dans la même tige. Elle se chrysalide dans l'intérieur, la tête en bas, après avoir pratiqué un trou dans le côté, pour la sortie du papillon. Celui-ci éclôt quinze jours après, et deux ou trois générations se succèdent dans la même saison, ce qui explique les dommages causés par cette espèce dans les champs de maïs.

Midi de la France.

Genre SENTA, Stph.

Antennes très-brièvement pubescentes, à cils serrés dans les mâles. Palpes grêles, ascendants, écartés, à dernier article très-distinct et assez long. Corps très-grêle ; thorax court, muni d'une crête entre les ptérygodes ; abdomen très-long, aplati dans les deux sexes, lisse, velu sur les côtés. Ailes minces, oblongues, soyeuses ; les supérieures un peu anguleuses au bord terminal.

Chenilles allongées, cylindriques, pâles, avec de

fines lignes longitudinales, vivant sur les roseaux. Chrysalides renfermées dans les roseaux.

MARITIMA, Tauscher, *Ulex*, Hb., Gn.

30ᵐ. Ailes supérieures oblongues, d'un gris-jaunâtre très-pâle, avec les nervures, principalement celles de la côte, et deux anneaux presque égaux à la place des taches ordinaires, blancs. Une légère trace de la ligne extrabasilaire et une série de petits points noirs à la place de la coudée. Une autre série terminale de points noirs entourés ou séparés par du blanchâtre. Ailes inférieures blanches dans les deux sexes, avec une lunule centrale et deux séries de points noirâtres en dessous (*Guénée*).

Chenille vivant dans les roseaux. Insecte parfait dans les lieux humides en juin et en juillet. Bords du Rhin. Rare.

Genre **NONAGRIA**, Och.

(TAPINOSTOLA, Led.)

Antennes pubescentes dans les mâles. Palpes droits ou presque droits; les deux premiers articles brièvement velus; le dernier nu, court, cylindrique et tronqué au sommet. Spiritrompe grêle et très courte. Front parfois prolongé en pointe saillante. Thorax lisse, arrondi, velu. Abdomen long, lisse, épais dans les femelles. Ailes supérieures allongées, étroites, ayant parfois les taches, mais rarement les lignes visibles.

Chenilles allongées, vermiformes, décolorées, mu-

nies de plaques cornées très-distinctes, avec la tête
petite et subglobuleuse. Elles vivent et subissent toutes
leurs métamorphoses dans l'intérieur des tiges des
plantes aquatiques (*graminées et cypéracées*), dont elles
mangent la moelle, et où elles se ménagent une ouverture latérale pour la sortie de l'insecte parfait.

RUFA, Hawort., *Despecta*, Tr., Dup.

23ᵐ. Ailes supérieures d'un gris-jaunâtre ou brunâtre, luisant, avec le bord terminal et les nervures
un peu plus foncés, et une ombre brune sur le disque.
Ligne coudée remplacée par une ligne courbe de points
noirs, très-fins, placés sur les nervures. Ailes inférieures un peu plus claires que les supérieures. Frange
de la couleur des ailes. — ♀ semblable. Montpellier,
ouest de la France; vole dans les marais, parmi les
roseaux.

FULVA, Hb., Dup.

23ᵐ. Ailes supérieures étroites, variant depuis le
gris-jaunâtre jusqu'au rouge de brique, avec les nervures pricipales saupoudrées de gris. Lignes et taches
ordinaires toujours nulles. Ailes inférieures d'un gris-
obscur. — ♀ avec les ailes supérieures plus blanchâtres,
et quelques atomes de points noirâtres. Nord de la
France, environs de Paris, *Bellier*; de Nantes, bords
de l'Erdre, *de Graslin*; Indre, *Maurice Sand*; en août et
septembre; dans les marais à roseaux. Rare.

HELLMANNI, Eversm.

Un peu plus grande que *Fulva*. Ailes supérieures un

peu plus larges et plus aiguës au sommet ; d'un jaune
d'ocre carné-pale, saupoudré de gris, avec la trace de
la tache réniforme imprimée en rougeâtre clair, et les
deux lignes ordinaires grises, plus ou moins indiquées,
mais rarement bien distinctes dans les mâles. Ailes inférieures blanchâtres, saupoudrées de gris. Thorax
mêlé de poils violâtres. — ♀ ayant les deux lignes ordinaires bien distinctes, et une ligne médiane vague
sur les inférieures. *Guénée.*

Cette rare espèce, que l'on ne connaissait que d'Angleterre et des monts Ourals, a été découverte aux environs de Paris, par M. Bellier de la Chavignerie.

(NONAGRIA, Och., Gn.)

NEURICA, Hb.

28ᵐ. Ailes supérieures d'un gris-jaunâtre, avec des
atomes bruns, un point central noirâtre entouré de
blanchâtre, et deux séries transverses de points également noirâtres, dont une sépare la frange du bord
terminal. Ailes inférieures de la couleur des supérieures, mais plus pâles.

La chenille vit dans l'intérieur des joncs en juin et
juillet, et le papillon éclôt en août. Très-rare. Département de l'Indre, *Maurice Sand.*

GEMINIPUNCTA, Hatchet., *Paludicola*, Hb., Dup., etc.

30ᵐ. Les ailes supérieures varient beaucoup pour la
couleur ; elles sont d'un fauve-testacé ou ferrugineux,
et plus ou moins lavé de brun, avec leur milieu mar-

qué d'un point blanc cerclé de noirâtre. Lignes ordinaires presque toujours invisibles. Extrémité des nervures quelquefois pointillée de blanc. Ailes inférieures d'un gris plus ou moins brunâtre, avec la frange jaunâtre. Tête, thorax et antennes de la couleur des supérieures. Abdomen de celle des inférieures. — ♀ semblable ; se distinguant seulement du mâle, comme dans toutes les espèces de ce genre, par son abdomen très-long, terminé en pointe obtuse. Celui du mâle se termine carrément par un bouquet de poils fauves.

La chenille vit dans les tiges du roseau à balais, qui croît au bord des fossés et dans les lieux humides. On reconnaît sa présence dans une tige à l'aspect mort ou languissant que présente le sommet. Parvenue à toute sa taille dans les premiers jours de juillet, elle quitte la tige qu'elle a rongée, et, après s'être introduite dans une autre, elle bouche l'ouverture qui lui a donné passage, pratique au-dessous une cloison en soie, monte un peu plus haut, ronge un des côtés intérieurement pour y faire une ouverture presque ovale, qui se trouve bouchée par la pellicule épidermoïde du roseau qu'elle a laissée intacte. C'est cet opercule qui doit s'ouvrir pour livrer passage à l'insecte parfait.

On trouve quelquefois trois chrysalides étagées dans le même roseau, séparées l'une de l'autre par les nœuds. Le papillon éclot dans les premiers jours du mois d'août. Il habite le nord, le centre et l'ouest de la France. Environs de Paris, de Saint-Quentin, de Châteaudun. Indre, *Maurice Sand* ; Saône-et-Loire, *Constant*. Pas rare.

Ab. *Guttans*, Hb.

D'une couleur unie et plus pâle. Tache réniforme composée de deux points bien marqués. Mêmes localités que le type et pas plus rare.

Nexa, Hb., H. S.

29ᵐ. Ailes supérieures plus courtes que les autres espèces de ce genre; d'un brun-ferrugineux plus clair au bord terminal, avec la tache réniforme en croissant, blanche, piquetée de jaunâtre dans son milieu, se liant par sa base à un trait longitudinal pas plus long qu'elle et également blanc. Ce trait surmonté à son extrémité interne de la tache orbiculaire, qui est petite et blanche. On voit en outre, vers la place de la coudée, une série transverse de points noirs placés sur les nervures. Ailes inférieures d'un gris-noirâtre, avec la frange d'un rougeâtre clair.

Cette espèce est rare en France; elle a été trouvée quelquefois dans le Nord et aux environs de Paris, en août.

Algæ, Esp., *Cannæ*, Och., Dup., Bdv. (pl. 35, fig. 2.)

32 à 35ᵐ. Ailes supérieures coupées carrément au bord externe; d'un fauve-grisâtre ou rougeâtre, avec une seule série transverse de points noirs à peu de distance du bord terminal. Il y a en outre à l'extrémité de la cellule un point noirâtre souvent peu visible. Ailes inférieures d'un brun-fauve ou rougeâtre. Tête, thorax et antennes de la couleur des supérieures. Abdomen de celle des inférieures. — ♀ semblable.

Chenille vivant dans les tiges les plus minces de la massette, *typha latifolia*, ainsi que dans l'intérieur du *carex riparia*; elle en mange la moelle et s'y transforme en chrysalide dans le commencement de juillet. Cette chrysalide est toujours placée la tête en haut dans la tige qui la renferme, et dirigée vers l'ouverture latérale que la chenille s'est ménagée pour la sortie du papillon. Celui-ci éclôt en juillet et août. Il n'est pas rare dans le nord de la France. Environs de Paris, de Saint-Quentin, département des Vosges, de l'Indre, etc.

SPARGANII, Esp., Dup.

35 à 38ᵐ. Ailes supérieures variant pour la couleur depuis le gris ocracé jusqu'au fauve-brunâtre, avec les nervures sablées de brun, surtout la médiane. Ligne coudée remplacée par une série de points noirs. On voit en outre, au centre de chaque aile, une tache formée par trois ou quatre points noirs très-rapprochés. Frange de la couleur des ailes et précédée par une série de petits points noirs. Ailes inférieures de la couleur des supérieures, mais lavées de brunâtre vers la base. Corps de la couleur des ailes. — ♀ semblable, mais ordinairement plus jaunâtre.

La chenille est d'un beau vert-pomme; elle vit dans les tiges du *sparganium erectum*, mais plus souvent encore dans celles du *typha angustifolia*. Sa métamorphose a lieu dans la dernière quinzaine de juillet, et le papillon éclôt en août.

C'est au bord des fossés, dans les marais, à la queue

des étangs, qu'il faut chercher cette chenille dans les roseaux les plus languissants.

Nord et centre de la France. Environs de Paris, de Saint-Quentin, de Pontarlier. Pas rare.

Typhæ, Esp.

40ᵐ. Ailes supérieures d'un brun-marron clair, avec les nervures blanches. Taches ordinaires un peu plus claires, liserées de noir et se rejoignant par le bas. La réniforme seule bien marquée, irrégulière et suivie d'une ombre noirâtre divisée par les nervures. Ligne coudée indiquée par une série de points noirs. Une autre série subterminale de points également noirs, sagittés. Espace terminal plus obscur. Frange précédée de points noirs lunulaires. Ailes inférieures d'un blanc jaunâtre, avec les nervures plus claires, un point cellulaire et des lunules terminales noirâtres. — ♀ 48ᵐ semblable, mais d'un gris-jaunâtre.

La chenille vit principalement dans les tiges du *typha latifolia*, mais elle se trouve aussi quelquefois dans l'*intermedia* et l'*augustifolia*. Elle n'est pas rare et se trouve dans presque tous les marais où croissent les *typha*. Elle est difficile à élever, parce qu'on n'a pas toujours la plante à sa disposition Il est donc préférable, lorsqu'on veut se procurer l'insecte parfait, de prendre la chrysalide dans les roseaux, dans les derniers jours de juillet et dans les premiers jours d'août. On choisit ceux qui ont un aspect languissant et dont une partie des feuilles est morte. On les coupe par le pied, et si leur intérieur est creusé en tuyau cylindrique, on est assuré que la tige a été habitée par une chenille. C'est, du reste, la seule manière de se procurer le papillon, car, quoique la chenille soit commune, on ne le trouve jamais autrement. Nord et ouest de la France. Paris, Saint-Quentin, Indre en septembre, *Maurice Sand*.

Ab., A., Esp.

Ailes supérieures d'un brun foncé noirâtre ou rougeâtre, absorbant presque tous les dessins et nervures. Frange entrecoupée de blanchâtre.

Ab., *Nervosa*, Esp., *Fraterna*, Frey.

Ailes supérieures d'un gris-brun uni dans les deux sexes; nervures plus claires, presque sans points ni taches. Ailes inférieures du mâle presque blanches.

Ces deux aberrations se trouvent avec le type et ne sont pas rares.

Lutosa, Hb., *Bathyerga*, Frey., Dup.

40^m. Ailes supérieures coupées carrément au bord externe, avec l'angle apical assez aigu, d'un jaune-paille un peu rosé, ou d'un blanc ocracé, et parsemées d'atomes bruns à la base, à la côte et à l'extrémité. La coudée est indiquée par une ligne courbe de points noirs placés sur les nervures, qui sont blanchâtres. Trois ou quatre de ces points sont souvent seuls visibles. Frange d'une nuance plus claire que le fond. Ailes inférieures d'un blanc roussâtre parsemé d'atomes bruns, avec le disque traversé par une ligne courbe de points noirâtres placés sur les nervures; ces points souvent effacés. Frange légèrement roussâtre. Tête et thorax de la couleur des ailes supérieures; abdomen de celle des inférieures. — ♀ 52^m un peu plus roussâtre et avec les lignes de points noirs ordinairement mieux marqués.

La chenille vit en juin et juillet, dans les racines du roseau à balais, et y pénètre quelquefois assez profondément. Le papillon éclôt en août. Nord de l'Europe, Angleterre; trouvé aux environs de Paris par M. Caroff. et à Mennecy (Seine-et-Oise) par M. Goosens.

GLOTTULIDÆ, Gn.

Cette famille ne se composant, en France, que d'une seule espèce, nous renvoyons, pour les caractères, à ceux du genre.

Genre GLOTTULA, Gn., Dup.

(*Brythia*, Bdv.)

Antennes courtes, très-brièvement pubescentes, semblables dans les deux sexes. Palpes droits, grêles, le dernier article très-court, se distinguant à peine de celui qui précède. Spiritrompe rudimentaire. Thorax convexe, subcarré, velu. Abdomen lisse, cylindrique, épais dans le mâle et légèrement aplati dans la femelle. Ailes supérieures avec l'angle apical arrondi.

Les chenilles sont cylindriques, glabres, à tête petite et globuleuse, avec les points ordinaires verruqueux et brillants. Chrysalides renfermées dans des coques de terre et enterrées.

PANCRATII, Cyrillo, God. (pl. 35, fig. 1.)

36 à 40ᵐ. Ailes supérieures d'un brun-noirâtre, avec l'espace subterminal plus rougeâtre, et l'espace terminal plus gris. Lignes ordinaires dentées, noires. Tache réniforme ayant sa partie inférieure cerclée de jaune clair. Ailes inférieures d'un blanc pur. Thorax noirâtre. Abdomen blanchâtre avec l'extrémité brune. — ♀ semblable, mais avec les ailes inférieures ayant la côte et le bord terminal d'un brun noirâtre.

La chenille vit en juin dans les feuilles, les bulbes et même les tiges du *pancratium maritimum;* elle est assez commune dans les environs de Montpellier. Le papillon éclôt en mai de l'année suivante.

APAMIDÆ, Gx.

Les chenilles des apamides ont seize pattes égales; elles sont cylindriques, épaisses, rases, de couleurs sales presque toujours luisantes, à tête globuleuse. Elles vivent cachées, soit à la racine des plantes, soit sous les herbes, soit même dans les tiges. Les chrysalides sont lisses, luisantes, enterrées et renfermées dans des coques de terre agglutinée.

Genre GORTYNA, Och.

Antennes du mâle crénelées de cils courts, légèrement verticillés. Palpes courts, éloignés de la tête, velus, à dernier article court. Spiritrompe courte. Thorax robuste, muni d'une crête aiguë entre les ptérygodes. Abdomen allongé, lisse, beaucoup plus allongé dans le mâle que dans la femelle. Ailes supérieures aiguës à l'angle apical, avec les trois taches ordinaires bien distinctes.

Les chenilles, de couleurs livides, vivent dans l'intérieur des tiges et y subissent leur métamorphose, à la manière des *Nonagria*.

LUNATA, Frey., Dup.

45 à 50ᵐ. Ailes supérieures très-aiguës à l'angle apical, d'un beau brun ferrugineux-violâtre, avec quelques taches jaunes à la base, à l'angle apical et quelquefois le long de la côte. La coudée est légèrement ondulée, brune, géminée, et entre cette ligne et l'ombre médiane on voit une bande jaune saupoudrée de brun, bien visible surtout vers le bord interne. Espace terminal mi-parti de gris-violâtre et de brun-ferrugineux. Mais ce qui fera toujours facilement reconnaître cette espèce, ce sont les trois taches ordinaires, qui sont blanches, excepté la claviforme, qui est souvent lavée de jaune. La réniforme est grande, allongée, et offre dans son intérieur un croissant jaune cerclé de brun. L'orbiculaire est ronde, avec un point central jaune; enfin, la claviforme est traversée longitudinalement par une nervure, et perpendiculairement par un petit trait brun, ce qui forme une petite croix. La tête et le thorax participent de la couleur des supérieures. Les ailes inférieures sont d'un blanc roussâtre.

sans taches. La femelle ne diffère du mâle que par son abdomen, très-gros et terminé en pointe obtuse.

Cette belle et rare espèce, que l'on ne connaissait que de la Russie méridionale et de la Turquie, a été trouvée en 1867, par M. Maurice Sand, à Saint-Florent-sur-Cher (*Indre*).

La chenille, qui n'a point encore été décrite ni figurée, est d'un rose-carné, avec la ligne vasculaire plus foncée. Les points trapézoïdaux noirs, les plaques cornées et la tête fauves. Elle éclôt de l'œuf pondu en septembre ou au commencement d'octobre, passe l'hiver dans le bas des tiges du *Peucedanum officinale*, dont elle mange la moelle, puis descend dans la racine et s'y chrysalide en juillet dans une coque oblongue tapissée de soie. Le papillon éclôt dans la première quinzaine de septembre. Il est commun, dit M. Sand, dans les localités fort restreintes où croît le peucedan.

Var. *Borelii*, Pierret.

36 à 40^m. D'un ton plus clair : le brun-violâtre très-clair et presque gris. Espaces basilaire et médian d'un ocracé pâle, laissant voir l'ombre médiane très-nette. Cellule remplie de brun avant et entre les taches ordinaires, qui sont plus blanches et à dessins moins chargés. Découverte en 1836, par feu Borel, dans les bois de Sainte-Geneviève, près Paris, en août et septembre. Cette variété, qui n'avait pas été retrouvée depuis, a été obtenue de la même chenille que *Lunata*, par M. Maurice Sand.

FLAVAGO, S.V. Dup. (pl. 35, fig. 4.)

38 à 40ᵐ. Ailes supérieures d'un beau jaune-d'or, sablé de brun-rouge, avec deux larges bandes d'un brun-pourpré, la première entre la demi-ligne et l'extrabasilaire, la seconde entre la coudée et la subterminale. Lignes ordinaires et nervures d'un rouge-brun. Les trois taches sont un peu plus claires, bien nettes et cerclées de brun; l'orbiculaire est ronde; la réniforme grande et à centre roux. Espace terminal plus ou moins saupoudré de brun, excepté vers l'angle apical. Frange brune. Ailes inférieures d'un fauve pâle, avec une lunule, une ligne, puis une bande noirâtres. Tête et thorax d'un rouge-brun, ce dernier relevé en crête. — ♀ semblable.

La chenille vit dans les tiges de plusieurs plantes, telles que *sureau*, *bardane*, *bouillon-blanc*, *yèble*, M. Bellier l'a trouvée dans les tiges du *cirsium palustre*. Elle se chrysalide en juillet, dans la tige où elle a vécu, et le papillon éclôt en août ou en septembre. Nord et centre de la France. Environs de Paris, Indre, *Maurice Sand ;* pas très-rare. Charente, *Delamain ;* rare. Aube, *Jourdheuille ;* assez commun.

Genre HYDRŒCIA, Gn.

Antennes des mâles crénelées de cils courts légèrement fasciculés. Palpes ascendants, dépassant le front, velus, à troisième article court, mais distinct. Thorax velu, abdomen légèrement crêté ou caréné dans les mâles, cylindrique et terminé en pointe dans les fe-

femelles. Ailes supérieures aiguës à l'angle apical, à lignes distinctes ; les deux taches ordinaires, bien écrites — au moins la réniforme — claviforme nulle.

Les chenilles ressemblent pour la forme et pour la couleur à celles du *G. Gortyna*, mais elles ne vivent pas comme elles renfermées dans les tiges des plantes ; elles se tiennent cachées entre les racines ou les feuilles basses des *Cypéracées* et des *Iridées*. Leur métamorphose a lieu dans des coques de terre agglutinées.

NICTITANS, L. (pl. 35, fig. 3.)

32ᵐ. Ailes supérieures d'un brun-rougeâtre, presque uniforme, avec les lignes ordinaires faiblement marquées en brun. Tache réniforme grande, d'un blanc-jaunâtre, tranchant vivement sur le fond. Orbiculaire petite, ronde et d'un jaune-rougeâtre. Frange brune. Ailes inférieures obscures avec la frange rougeâtre. Tête, thorax et extrémité de l'abdomen d'un fauve-rougeâtre. — ♀ semblable.

La chenille se tient toujours cachée sous terre, où elle vit de racines d'herbes. Le papillon éclôt en août. Nous l'avons pris aux environs de Paris, à Bondy ; Aube, *Jourdheuille* ; Saône-et-Loire, *Constant* ; Indre, *Maurice Sand*. Rare.

AB. *Erythrostigma*, Hw., Dup.

Ne diffère de *Nictitans*, qu'en ce que la tache réniforme, au lieu d'être d'un blanc-jaunâtre, est d'un jaune plus ou moins roussâtre. Indre, *Maurice Sand*.

CUPREA, S.V., God.

34ᵐ. Ailes supérieures d'un brun-rougeâtre clair, luisant, avec la côte plus grisâtre et l'espace médian d'un brun foncé, sur lequel on voit les deux taches ordinaires, finement cerclées de blanchâtre. Nervures piquetées de gris - blanc. Ligne subterminale obscure, flexueuse et peu prononcée. Frange de la couleur des ailes et précédée d'un petit filet rougeâtre. Ailes inférieures d'un gris-jaunâtre avec l'extrémité noirâtre et la frange roussâtre. — ♀ semblable mais avec un oviducle assez saillant à l'extrémité de son abdomen. Chenille inconnue.

Cette espèce n'est pas rare dans les Basses-Alpes ; nous l'avons prise abondamment à Larche ; elle se trouve aussi aux environs de Digne et de Barcelonnette en juillet et août.

Micacea, Esp., Dup.

34ᵐ. Ailes supérieures d'un gris-rougeâtre luisant, avec l'espace médian rembruni. Sur cet espace on voit les deux taches ordinaires finement cerclées de brun. Lignes médianes brunâtres, la coudée en ligne droite, s'appuyant vers l'angle apical sur un trait oblique brun. Espace terminal plus grisâtre que le fond, avec le milieu traversé par une ligne flexueuse brunâtre. Ailes inférieures d'un blanc-jaunâtre, avec une lunule cellulaire et une ligne médiane plus foncées. — ♀ avec les ailes inférieures plus obscures.

La chenille vit dans les racines des *Cypéracées;* sa métamorphose a lieu en terre, et le papillon éclôt en juillet et août. Paris, bords de la Loire, *Fallou;* Saône-et-Loire, *Constant;* Aube, Ervy, *Jourdheuille;* Gironde,

Trimoulet; Indre, *Maurice Sand.* Rare partout, excepté
dans l'Indre où il est assez commun.

Genre AXYLIA, Hb.

Antennes filiformes, cylindriques dans les deux
sexes. Spiritrompe courte. Thorax peu robuste à collier
relevé. Abdomen court, conique dans les deux sexes,
obtus, assez gros. Ailes supérieures oblongues, à dessins
longitudinaux. Ailes inférieures bien développées, sinuées. Chenille cylindrique, de couleur sale, renflée
postérieurement, avec le onzième anneau relevé en
bosse; vivant de plantes basses. Chrysalide enterrée.

PUTRIS, L., Dup. (pl. 35, fig. 6.)

32^m. Ailes supérieures d'un jaune-pâle, avec la côte
plus ou moins brune. Taches ordinaires cerclées de
brun avec le centre bleuâtre. Ligne extrabasilaire fine,
noirâtre, en zigzags très-profonds. Ligne coudée oblitérée, excepté au bord interne. Espace subterminal
avec une double série de points noirs. On remarque
en outre deux rayons bruns allant de la réniforme à
la frange, et une tache de la même couleur, souvent
peu distincte, vers l'angle interne. Frange entrecoupée. Tête et collier jaune-paille. Thorax mêlé de brun.
Ailes inférieures très-développées, un peu transparentes, avec un point cellulaire et une série terminale de
points bruns. — ♀ semblable.

La chenille vit en mai et août; elle se tient toujours
cachée en terre où elle ronge les racines de différentes
herbes, principalement du chiendent, *Triticum repens.*

Le papillon parait en juin, juillet et septembre ; il n'est pas rare dans le nord de la France. Paris, Alsace, Gironde, Saône-et-Loire, Aube, etc. La chrysalide se trouve souvent au pied des ormes pendant l'hiver.

Genre **XYLOPHASIA**, Stph.

Antennes longues, garnies de cils fasciculés ou de dents pubescentes dans les mâles. Palpes ascendants dépassant un peu la tête ; les deux premiers articles épais et velus. Spiritrompe longue. Thorax robuste, carré, velu, crêté. Touffe frontale saillante, *presque toujours divisée par une petite ligne noire*. Abdomen long et dépassant les ailes, terminé dans les mâles par une forte touffe de poils, élargi en pointe obtuse et velue dans la femelle. Ailes supérieures allongées, denticulées, à dessins ordinairement longitudinaux.

Chenilles grosses, cylindriques, luisantes, de couleurs sales et transparentes, à points verruqueux luisants ; vivant cachées sous les pierres ou à la base des plantes basses. Chrysalides renfermées dans des coques de terre peu adhérentes.

Lateritia, Hufn., Dup. (pl. 35, fig. 5.)

46ᵐ. Ailes supérieures d'un rouge de brique, ordinairement si foncé, qu'on aperçoit à peine les lignes ordinaires, qui sont brunes, dentées et légèrement bordées de jaunâtre. Tache réniforme noirâtre et *bordée extérieurement de blanc*. Orbiculaire finement cerclée de jaunâtre, mais souvent peu visible. Coudée accompagnée d'une série de points jaunâtres placés sur les nervures, qui sont noires à cet endroit. Côte avec quelques petites taches d'un blanc-jaunâtre. Frange de la couleur des ailes, un peu festonnée et légèrement entre-coupée de jaunâtre. Ailes inférieures d'un gris-rougeâtre avec la frange plus pâle. Tête, thorax et extrémité de l'abdomen de la couleur des supérieures. — ♀ semblable.

La chenille vit de plantes basses en mai, et le papillon éclôt en juillet. Nous l'avons pris abondamment dans les Basses-Alpes, surtout le soir à la lanterne ; et nous pensons qu'il n'est pas rare dans tous les pays de hautes montagnes ; cependant M. Boisduval dit l'avoir trouvé à Paris dans la forêt de Saint-Germain. (?)

RUREA, F., Dup.

40^m. Ailes supérieures d'un jaune-roussâtre pâle, avec le bord interne blanchâtre, une large tache à la côte renfermant les taches ordinaires, et deux autres taches au bord terminal, d'un brun-rougeâtre. Lignes ordinaires nulles ou à peine indiquées. Une double série de points noirs derrière la place de la coudée. Il y a en outre un trait épais brun près de la base et du bord interne. Frange entrecoupée de jaune-d'ocre et de brun-ferrugineux. Ailes inférieures d'un gris-noirâtre avec la frange ocracée. Thorax ferrugineux à ptérygodes brunes.

Chenilles au printemps sur les plantes basses ; graminées, primevères, oseille, etc. Papillon en mai et juin. Nord de la France, Paris, Alsace, Auvergne, Bourgogne, Doubs, Aube, Indre, etc. N'est commune nulle part.

Ab. *Alopecurus*, Esp. *Combusta*, Tr., Dup.

On pourrait confondre cette ab. avec *Lateritia*, car le fond de la couleur est à peu près le même; mais elle est toujours plus petite. Ailes supérieures d'un brun-rouge foncé, uni, avec quelques éclaircies à la côte, *et la réniforme finement cerclée de jaunâtre.* Frange des quatre ailes brune et entrecoupée de jaune aux supérieures, avec une ligne rougeâtre aux inférieures. — ♀ plus foncées.

Ab. *B.*, Guénée.

Intermédiaire entre le type et l'ab. A *Alopecurus*. Ailes supérieures d'un brun-rouge mêlé de jaune-d'o-cre et de blanchâtre, avec tous les dessins et toutes les lignes bien marquées, tandis qu'ils sont oblitérés dans le type.

Ces deux ab. se rencontrent quelquefois dans les mêmes localités que *Rurea*, mais elles sont plus rares.

Aquila, Donzel, Dup.

41^m. Ailes légèrement dentées. Les supérieures d'un brun-rougeâtre, mélangé de petits traits noirs, avec toutes les lignes indistinctes, les deux médianes consistant en de petits filets noirâtres peu visibles, ainsi que la tache claviforme et la subterminale indiquée seulement par quelques traces plus claires. Tache orbiculaire nulle. Réniforme grande, bien distincte, concolore, mais marquée extérieurement de traits blancs détachés et saupoudrée intérieurement de blanc. Ailes inférieures d'un gris-enfumé. Frange brunâtre. Tête thorax et antennes brunes. Abdomen crêté, d'un gris-enfumé.

On ne connaît encore qu'un seul individu femelle de cette espèce. Elle a été prise par M. Donzel à Digne. *Basses-Alpes*, en 1837.

Lithoxylæa, S.V., Dup. *Sublustris*, Esp.

45ᵐ. Ailes supérieures oblongues, aiguës à l'angle apical; d'un gris-jaunâtre pâle, plus ou moins veiné de roussâtre, avec un dessin si peu marqué qu'il est presque impossible de le décrire. Nous dirons seulement que l'on voit : 1° quelques traits costeaux ; 2° deux taches vagues, l'une au-dessus, l'autre au-dessous de la nervure médiane et vers le milieu de l'aile; et 3° deux autres taches au bord interne, d'un brun-ferrugineux pâle. On remarque en outre une ligne transverse de points bruns vers la place de la coudée, et souvent quelques autres points à la place de la ligne extrabasilaire. Ailes inférieures de la couleur des supérieures avec une lunule discoïdale et leur extrémité légèrement teintée de brun. Tête, thorax et abdomen de la couleur des ailes. — ♀ semblable.

La chenille est peu connue, mais elle doit avoir les mêmes mœurs que celle de *Polyodon*. Le papillon éclôt en juin et juillet; il n'est pas rare dans toute la France, et se trouve souvent appliqué contre le tronc des arbres.

Ab. *Musicalis*, Dup.

Ailes supérieures un peu moins oblongues que celles de *Lythoxylæa, d'une couleur plus rousse et les taches toujours mieux marquées.* Ailes inférieures avec une ligne discoïdale brune très-distincte entre la lunule cellulaire et le bord terminal. Mêmes localités que le type, mais beaucoup plus rare.

Polyodon, L. Dup.

48ᵐ. Ailes supérieures d'un brun plus ou moins rougeâtre, avec l'espace subterminal terminé vers le bord interne par une assez grande tache oblongue, d'un gris-blanchâtre. Lignes extrabasilaire et coudée formant des angles très-aigus, d'une teinte plus pâle que le fond et bordées de quelques traits noirs. Ligne subterminale formant aussi des angles très-prononcés, dont ceux du milieu *figurent un* M *qui se dessine en blanc sur des traits noirs longitudinaux.* Taches ordinaires finement dessinées en brun-noir; l'orbiculaire ovale et placée obliquement. Frange dentée et séparée du bord terminal par une ligne festonnée d'un brun-noir. Ailes inférieures d'une teinte plus claire que les supérieures avec leur extrémité lavée de brun-noirâtre et la frange plus claire. — ♀ semblable.

La chenille passe l'hiver et parvient à toute sa taille vers les premiers jours de mai. Elle se tient toujours en terre où elle vit des racines de différentes plantes. Le papillon éclôt en juin et juillet; on le trouve appliqué contre les murs ou le tronc des arbres. Il est commun partout.

Hepatica, L., Dup.

38^m. Ailes supérieures d'un brun-rougeâtre ou bistré, quelquefois d'un fauve-rouge ou d'un gris-jaunâtre, avec la côte tachée de brun excepté vers l'angle apical où l'on voit trois petits points d'un blanc-jaunâtre. Lignes ordinaires peu marquées ; la subterminale seule toujours bien écrite en brun-violet et éclairée de jaunâtre extérieurement, est composée *de deux arcs dont la partie convexe regarde la frange.* Taches ordinaires bordées de brun, et séparées par une ombre également brune. La réniforme n'est bien écrite que du côté de cette ombre, tandis que l'orbiculaire l'est dans tout son contour. Frange brune, dentée et entrecoupée de gris-jaunâtre. Ailes inférieures lavées de noirâtre avec la frange fauve.

Chenille vivant en automne de racines de plantes basses. Papillon en juin. Paris, Fontainebleau, Saône-et-Loire, Doubs, Auvergne, Alsace ; **assez rare.** Indre, *Maurice Sand ;* commun.

Scolopacina, Esp., Dup.

30^m. Cette espèce ressemble en petit à la *Rurea ;* ses ailes supérieures sont d'un jaune-d'ocre roussâtre, avec la côte, le bord terminal et une tache vers la place de l'orbiculaire d'un brun-roux. Réniforme blanche se réunissant à la côte à une tache de la même couleur. Lignes médianes rousses, peu marquées et suivies d'une série de petits points noirâtres. On remarque en outre près de la base de l'aile et longeant le bord interne une ligne courte d'un brun-foncé. Frange dentée, brune, entrecoupée de points jaunâtres. Ailes inférieures d'un gris-jaunâtre, avec la frange plus claire. Corps de la couleur des ailes avec une raie brune partant du thorax et s'étendant jusque vers l'extrémité de l'abdomen. — ♀ semblable.

La chenille vit de racines et de plantes basses ; nous l'avons trouvée en avril et mai dans les feuilles sèches au pied des arbres. Le papillon est éclos en juillet. Environs de Paris, Fontainebleau, Alsace, *de Peyerimhoff*. Rare.

(RHIZOGRAMMA, Ld.)

PETRORHIZA, Bkh., Dup.

45ᵐ. Ailes supérieures d'un gris-bleuâtre, légèrement nuancé de roussâtre, avec plusieurs lignes noires longitudinales, dont une part de la base, s'étend jusque vers le tiers de l'aile, se dirigeant vers une bande oblique, brune, marquée de traits noirs, qui s'étend de l'angle apical vers le bord interne. Taches ordinaires de forme irrégulière, finement écrites en noir, se confondant par le bas et figurant un V très-ouvert. Frange dentée et grise. Ailes inférieures d'un blanc-bleuâtre avec les nervures brunes et une bande marginale de la même couleur. Le thorax est d'un gris-bleuâtre avec sa partie antérieure et les ptérygodes bordées de noir. — ♀ semblable.

La chenille vit sur plusieurs plantes herbacées, mais c'est sur l'épine-vinette, *Berberis vulgaris*, qu'elle a été trouvée le plus souvent. Elle passe l'hiver et parvient à toute sa taille en avril et mai. Le papillon éclôt en juin,

4.

juillet et août. Indre, *Maurice Sand*; Saône-et-Loire, *Constant*; Alsace, *de Peyerimhoff*; Doubs, *Bruand*. Assez rare. Très-commun dans les Basses-Alpes, où nous l'avons pris en grand nombre ainsi que dans les montagnes du Dauphiné.

(Scotocimosta, Ld.)

Pulla, S.V., Dup.

45 à 48ᵐ. Ailes supérieures oblongues, d'un gris-cendré nuancé de blanchâtre, avec les nervures plus foncées et quelques lignes longitudinales noires, dont une près de la base et du bord interne. Ligne extrabasilaire en zigzag, noirâtre par en haut, formant de grandes dents claires et peu distinctes par en bas. Coudée fine à dents aiguës formant un trait noirâtre oblique entre la quatrième inférieure et la sous-médiane. Bord terminal formant une bande sinueuse, obscure. On voit en outre vers le centre de l'aile une éclaircie blanchâtre, suivie d'une tache formée par deux lignes noires, courtes et contiguës. Frange grise et légèrement festonnée. Ailes inférieures blanches avec les nervures et un fin liseré noirâtres. — ♀ plus foncée et les ailes inférieures d'un blanc moins pur.

Chenille peu connue. Insecte parfait en septembre. France méridionale, Marseille, Alsace selon Duponchel, où elle aurait été prise par le capitaine Devilliers; cependant elle ne figure pas dans le catalogue de M. de Peyerimhoff.

Genre **DYPTERYGIA**, Stph.

Antennes minces, courtes, filiformes dans les deux sexes. Palpes ascendants arqués, à deuxième article velu, à troisième court, obtus. Thorax convexe, velu, carré, avec deux fortes crêtes derrière le collier et une touffe épaisse à sa jonction avec l'abdomen. Celui-ci court, caréné, crêté dans les deux sexes. Ailes supérieures larges, à frange dentelée, avec une dent profonde à l'angle interne.

La chenille de l'unique espèce de ce genre est allongée, rose, cylindrique, atténuée antérieurement, renflée postérieurement avec le onzième anneau un peu relevé, à tête petite, vivant cachée sous les plantes basses, et se chrysalidant à la surface de la terre dans un léger tissu revêtu de mousses et de feuilles sèches.

Pinastri, L., etc. (pl. 35, fig. 8.)

35ᵐ. Ailes supérieures d'un brun-noir, *avec le bord interne et une large tache à l'angle interne d'un gris-rougeâtre marquée de traits bruns.* Cette tache bordée intérieurement par une ligne festonnée, noire. Lignes ordinaires très-fines, noires ainsi que le contour des taches. Points virgulaires et traits sur la frange d'un gris-testacé. Ailes inférieures d'un gris-noirâtre uni. Thorax d'un brun-noir avec le milieu testacé.

Le nom de *Pinastri* donné à cette espèce par Linné, vient sans doute de ce qu'elle aura été trouvée appliquée sur un pin; loin de vivre sur cet arbre, la chenille se nourrit de *Rumex*, principalement d'oseille.

rumex acetosa, en avril et octobre. Le papillon éclôt en mai, juin, juillet et août, selon les localités. Environs de Paris, Bourgogne, Auvergne, Alsace, départements de l'Indre, de la Charente, du Doubs, de la Gironde, etc. N'est pas rare.

Genre XYLOMYGES, Gn.

Antennes filiformes ou crénelées de cils courts dans les mâles, filiformes dans les femelles. Palpes courts, droits, le troisième article court, ovoïde, obtus. Spiritrompe courte. Thorax robuste, carré, à collier saillant. Abdomen crêté à la base, obtus, terminé carrément dans les deux sexes. Ailes supérieures oblongues, subdentées, à dessins longitudinaux, à taches et lignes nulles ou effacées en partie.

Chenille cylindrique, atténuée antérieurement, de couleur sombre, vivant sous les plantes basses, cachée pendant le jour. Chrysalide enterrée.

CONSPICILLARIS, L., Dup. *Melaleuca*, View. (pl. 35, fig. 7.)

36^m. Ailes supérieures un peu sinuées au bord terminal et prolongées à l'angle apical, d'un brun-noir, avec tout le bord interne et une ligne oblique descendant de l'angle apical, d'un gris-blanc teinté de roussâtre ; la bande du bord interne s'élargit vers l'angle interne, où elle forme grossièrement une espèce de grand croissant. Les taches ordinaires et la claviforme ne sont que faiblement indiquées. Ailes inférieures blanches avec les nervures noirâtres et l'angle externe teinté de gris. Thorax gris à centre et lignes noirâtres.

Chenille en juin et juillet; se tient cachée sous les feuilles sèches, et se nourrit de plantes basses et de genêts. M. Bruand l'a trouvée sur le millepertuis. Le papillon se trouve dans toute la France, mais plus ou moins communément, en mars, avril et mai. On le fait souvent tomber en frappant les arbres avec le maillet.

Aʙ. *Melaleuca*, Dup.

Diffère de *Conspicillaris*, par sa couleur noire moins intense, beaucoup moins étendue et laissant *un large espace ocracé, depuis la réniforme jusqu'à l'angle apical.* Taches plus visibles et fortement cerclées de noir.

Pas plus rare que le type; quelquefois même plus commun.

Aʙ. *B. Gn.*, Dup.

D'un ton uniforme gris-roussi, sans taches noires, les dessins plus ou moins effacés, ligne de points qui suit la coudée plus distincte.

Cette race est la moins commune des trois.

Genre ASTEROSCOPUS, Bdv.

Antennes longues, pectinées jusqu'au bout dans les mâles, finement crénelées dans les femelles. Palpes courts, velus et connivens. Spiritrompe visible seulement dans les mâles. Thorax large et relevé en pointe au milieu du collier. Abdomen assez court. Ailes allongées, striées longitudinalement, et en toit dans le repos.

Chenilles à seize pattes, à peau glabre et à onzième anneau plus épais que les autres ; dans l'état de repos elles relèvent la partie antérieure de leur corps et semblent regarder le ciel. Elles vivent à découvert sur les arbres, et se chrysalident dans la terre.

Obs. Les auteurs français ont toujours placé ce genre dans la tribu des *Notodontides ;* mais nous pensons avec M. J. Lederer qu'il est plus convenablement placé ici

NUBECULOSA, Esp., Dup.

16ᵐ. Ailes supérieures un peu prolongées à l'angle apical, d'un brun-bistré ou rougeâtre, plus ou moins foncé, avec l'espace terminal plus clair et les nervures noires, très-épaisses sur le disque. Taches ordinaires d'un bistre-clair, souvent un peu blanches sur leurs bords ; la réniforme grande, l'orbiculaire petite et de forme allongée. Ligne coudée bien marquée, dentée et éclairée extérieurement par du gris-blanchâtre ; extra-basilaire nébuleuse, marquée seulement à la côte, qui a en outre quelques traits virgulaires grisâtres ou rougeâtres. Ligne terminale avec une série de taches sagittées brunes. Ailes inférieures d'un bistre-clair, avec la frange de la même couleur ; un point cellulaire, les nervures et le limbe bordé de lunules noirâtres. Thorax d'un noir-roux mêlé de poils grisâtres. — ♀ un peu plus grande, souvent d'un gris-noirâtre avec tous les dessins bien marqués en gris-clair.

Chenille en mai et juin sur le bouleau, le tremble, le poirier, le cerisier, l'orme, etc. ; elle passe l'hiver en chrysalide, et le papillon éclôt en mars, avril et mai. Nord de la France, Valenciennes, Compiègne, *Fallou*; Autun, *Constant*; Strasbourg, *de Peyerimhoff*. Assez rare.

Sphinx, Hufn., *Cassinia*, S.V., Dup.

42ᵐ. Ailes supérieures grises, nuancées de brunâtre, avec beaucoup de lignes noires longitudinales et interrompues, la plupart éclairées de blanc, et dont une qui part de la base de l'aile et une autre le long du bord interne, beaucoup plus marquées que les autres. On remarque, en outre, une éclaircie blanche surmontée de plusieurs traits noirs, près de l'angle anal. Taches ordinaires nulles. Frange grise entrecoupée de blanc. Ailes inférieures d'un blanc-grisâtre avec un point cellulaire noirâtre, et leur limbe bordée par une série de lunules également noirâtres. Tête et thorax d'un gris-blanchâtre ; abdomen d'un gris-roux. — ♀ plus grande et ayant les traits noirs moins marqués, surtout celui du bord interne.

La chenille vit sur plusieurs arbres, tels que chêne, tilleul, orme, hêtre ; nous la prenons fréquemment sur l'aubépine et le prunellier, mais elle n'est pas toujours très-facile à élever. On la trouve en mai et juin, et le papillon éclôt à la fin d'octobre et en novembre ; il se trouve un peu partout, mais n'est commun nulle part.

C'est à cause de l'habitude de cette chenille de regarder le ciel, que le nom du célèbre astronome *Cassini* lui avait été donné. Le nom du genre signifie aussi : *Je vois les astres*.

Genre APOROPHYLA, Gn.

Antennes du mâle épaisses, demi pectinées, à dents épaisses, surmontées de poils fasciculés. Palpes courts, droits, le deuxième article velu, le troisième très-court, en bouton, conique, en partie caché. Spiritrompe robuste et bien visible. Thorax carré, velu, à collier relevé et caréné. Abdomen crêté à la base, velu et terminé carrément dans les mâles, épais et cylindrico-conique dans les femelles. Pattes longues et ergots prononcés. Ailes supérieures oblongues, épaisses, à dessins longitudinaux, croisés par les lignes qui sont bien marquées.

Chenilles cylindriques, rases, rayées longitudinalement, vivant cachées sous les plantes basses et se changeant en chrysalide dans la terre.

AUSTRALIS, Bdv., Rbr., Dup. (pl. 35, fig. 10.)

35^m. Cette espèce est très-variable pour la couleur, mais le dessin de ses ailes la fait aisément reconnaître. Ailes supérieures d'un gris plus ou moins blanchâtre, souvent nuancé de roux ; quelquefois entièrement rousses ou même noirâtres, et dans ce cas les deux lignes médianes sont ordinairement plus ou moins bordées de gris-blanchâtre. Ces deux lignes sont très-fines, noires, plus ou moins visibles, très-brisées en zigzags et se réunissant, par en bas, pour former un long anneau que traverse la nervure sous-médiane. Taches ordinaires plus ou moins visibles, brunes, finement annelées de noir. Frange fortement entrecoupée

de brun et de cendré. Ailes inférieures blanches. —
♀ avec tous les dessins mieux marqués et les ailes
inférieures d'un blanc lavé de brun.

La chenille se trouve en mars sur l'asphodèle et les
chicoracées, selon MM. Rambur et de Graslin; et sur
les graminées et les *carex*, avec lesquels M. Millière l'a
élevée très-facilement. Le papillon éclôt en septembre
et octobre, il n'est pas rare dans la Provence, le département de l'Ardèche et les Pyrénées-Orientales.

Genre LAPHYGMA. Gn.

Antennes assez longues, très-grêles, à peine pubescentes dans les mâles. Palpes ascendants-obliques, arqués, épais, à troisième article aigu. Spiritrompe
moyenne. Corps grêle, abdomen effilé, terminé en
pointe et muni d'une crête sur le premier anneau.
Pattes longues. Ailes supérieures entières, oblongues,
étroites, luisantes, à taches visibles; inférieures bien
développées, blanches, irisées et transparentes dans
les deux sexes.

Chenilles cylindriques, atténuées antérieurement,
rases, vivant sur les céréales. Chrysalides enterrées.

Exigua, Hb., Dup. (pl. 36, fig. 1.)

28ᵐ. Ailes supérieures oblongues, d'un gris-testacé,
légèrement nuancé de brunâtre, avec les lignes médianes distinctes, concolores, géminées, presque parallèles. Taches très-visibles; orbiculaire très-ronde,
d'un jaune-ferrugineux; réniforme tachée intérieurement de la même couleur. Ligne subterminale claire.

ondée, bordée extérieurement de gris-roux et intérieurement de quelques traits noirs, fins et sagittés. Ailes inférieures d'un blanc transparent avec les nervures marquées en brun et tous les bords lavés de gris-brun fondu. — ♀ semblable.

La chenille vit en automne sur plusieurs espèces de *Convolvulus*, et sur le *Polygonum persicaria*, au bord des eaux et dans le voisinage des lieux humides ; elle se chrysalide sous les mousses dans une coque légère. Le papillon n'est pas rare aux environs de Montpellier ; il a aussi été trouvé dans le département du Var, à Cannes, en mai, *Fallou;* dans les Pyrénées-Orientales, à Mont-Louis, en juillet, *Oberthur;* près de Lyon, en août, *Millière;* et dans l'Indre, où il est rare, en juillet, *Maurice Sand.*

Aʙ. *Pygmæa*, Rbr., Dup.

Plus petite que l'*Exigua* à laquelle elle ressemble un peu. Ses ailes supérieures sont coupées plus carrément au bord terminal. Elles sont d'un gris-roussâtre et traversées par trois lignes peu visibles, d'un gris plus clair et ombrées de brun. Les taches ordinaires manquent, et leur place est occupée par une éclaircie rougeâtre. dont le centre est marqué d'un point brun. Ailes inférieures d'un blanc luisant avec les nervures brunes.

Cette ab. découverte aux environs de Marseille et décrite en 1834 par M. Rambur, n'a pas été retrouvée depuis. C'est d'après Duponchel que nous la décrivons, car nous ne l'avons jamais vue.

Genre NEURIA, Gn.

Antennes assez courtes, pubescentes dans les mâles, subpubescentes dans les femelles. Palpes dépassant la tête, les deux premiers articles indistincts, le troisième très-court, tronqué. Spiritrompe moyenne. Thorax robuste, carré, velu, à collier relevé et muni de deux crêtes bifides. Abdomen un peu velu, rectangulaire et déprimé dans les mâles, terminé en pointe obtuse dans les femelles. Pattes longues et assez robustes.

Chenilles courtes, épaisses, très-cylindriques, rases, à tête longue, globuleuse, de couleurs sales, vivant cachées sur les plantes basses. Chrysalides enterrées.

Saponariæ, Bkh., Dup. (pl. 36, fig. 3.)

38^m. Ailes supérieures d'un brun-rougeâtre souvent un peu violâtre, avec les nervures, les lignes et les taches très-distinctes, d'un blanc-jaunâtre. Demi-ligne formant un M, souvent très-bien marqué; lignes médianes bordées de brun des deux côtés; subterminale précédée de traits sagittés, oblongs, noirs. Tache réniforme bordée de traits noirs qui descendent au-dessous en ligne flexueuse, jusqu'au bord interne; orbiculaire grande, salie au milieu; claviforme noire, arrondie. Ailes inférieures jaunâtres, largement bordées de noirâtre, avec la frange jaune.

La chenille vit en juillet et août sur les caryophyllées, œillets, lychnis, silènes; elle est quelquefois assez commune dans les jardins. Le papillon éclôt en mai, juin et juillet de l'année suivante. Il se trouve plus ou moins communément dans une grande partie de la France. Paris, Compiègne, Alsace, Bourgogne, Auvergne, Doubs, Indre, Saône-et-Loire, etc.

Genre **HELIOPHOBUS**, Bdv.

Antennes des mâles presque égales en largeur de la base au sommet, largement pectinées, à lames longues et minces; celles des femelles plus courtes, grêles, filiformes. Palpes droits, courts, à deuxième article velu, à troisième nu, cylindrique, et terminé en pointe obtuse. Spiritrompe presque nulle. Thorax carré, à collier et ptérygodes bien distincts. Abdomen lisse, velu dans les mâles, épais et terminé en cône obtus dans les femelles. Ailes supérieures ayant les nervures et les taches ordinaires plus claires que le fond.

Chenilles épaisses, cylindriques, rayées de brun sur un fond obscur, vivant cachées à la racine des plantes basses.

Lolii, Esp., Dup. *Popularis*, Fab., Gn. (pl. 36, fig. 5.)

36 à 40^m. Ailes supérieures d'un gris-bistré, *avec toutes les nervures blanches*, et les taches ordinaires jaunâtres, à centre gris. Lignes médianes noires, géminées; subterminale jaunâtre, maculaire, précédée de traits sagittés noirs. Tache claviforme grande, oblique, de la couleur du fond et cerclée de noir. Ailes inférieures grises, avec le disque blanc dans le mâle, et seulement un peu plus clair dans la femelle. Collier et ptérygodes marqués de lignes noires distinctes.

Chenille en mars, avril et mai, presque enterrée à la

base des graminées, dont elle mange les racines et les feuilles basses. Papillon en juillet, août et septembre. Presque toute la France, mais plus ou moins commun selon les localités. Les femelles sont généralement plus rares que les mâles.

Hirta, Hb., Bdv., Dup.

33m. Ailes supérieures brunes, veloutées ; quelquefois d'un gris plus ou moins blanchâtre, avec la côte et l'espace terminal plus clairs. Nervures blanches ainsi que les lignes médianes qui sont bordées de noir intérieurement. Taches ordinaires et claviforme d'un rose terne et cernées de noir. Espace terminal traversé par une série de petites taches sagittées noires, placées chacune entre deux nervures. Frange large. Antennes longues, largement pectinées dans la presque totalité de leur étendue. Ailes inférieures grises, sans dessins. La femelle, longtemps inconnue, offre une très-curieuse anomalie dans les noctuélites ; ses ailes sont réduites à de petits moignons très-courts, comme celles des *Hybernia*, *Nyssia*, etc. Le thorax est fort rétréci ; les antennes, assez courtes, sont filiformes. Elle est de la couleur du mâle.

La chenille a aussi des mœurs très-curieuses ; elle se nourrit la nuit de feuilles de graminées, et se tient pendant le jour retirée dans une espèce de sac fabriqué avec une soie légère. Ce sac est placé horizontalement en terre à la profondeur de deux à trois centimètres, quelquefois simplement sous une pierre. Quoique parvenue à toute sa taille en avril, elle reste dans son fourreau sans prendre de nourriture jusqu'au mois d'août. Elle se chrysalide dans ce fourreau. Le papillon éclôt au commencement d'octobre. Cette espèce n'est pas très-rare aux environs de Marseille, où la femelle a été découverte par M. Dardoin. Elle se trouve aussi à Montpellier. Cette femelle a été décrite et figurée par M. Millière, de Lyon, dans son iconographie.

Optabilis, Bdv., Dup.

31ᵐ. Ailes supérieures un peu prolongées à l'angle apical, d'un blanc-jaunâtre, avec la côte blanchâtre et les taches d'un roux-ferrugineux. Ces taches se dessinent nettement sur le disque de l'aile qui est brunâtre. La claviforme est très-allongée d'un jaune-pâle et bordée de noir. Elle part du thorax et s'étend parallèlement au bord interne jusqu'au milieu de l'aile. On voit en outre une série de taches sagittées d'un brun-foncé, appuyée contre le bord terminal. Frange roussâtre. Ailes inférieures d'un blanc sale avec la frange et les nervures roussâtres. — ♀ semblable.

La chenille est peu connue. Le papillon éclôt en avril; il habite la Provence et le Languedoc; Montpellier, Aix, Nimes, etc. Cette belle espèce est toujours rare.

Hispida, Hb., Bdv., Dup.

30ᵐ. Ailes supérieures d'un brun-violâtre, avec les taches d'un blanc-jaunâtre et les lignes d'un gris-jaunâtre; la coudée formant avec la réniforme une tache triangulaire brune. La frange est précédée d'une ligne festonnée noire, suivie elle-même d'une ligne rousse, puis d'une autre ligne blanchâtre très-bien marquée. Sur cette dernière ligne s'appuient quelques taches cunéiformes brunes. Ailes inférieures d'un blanc sale, lavées de ferrugineux au bord terminal. Antennes fortement pectinées. — ♀ semblable, mais avec les ailes inférieures entièrement ferrugineuses, et les antennes filiformes.

La chenille vit en automne sur plusieurs plantes basses, mais principalement sur les graminées, au pied desquelles elle se cache après sa troisième mue. Le papillon éclôt en septembre de l'année suivante. Il habite tout le midi de la France. Il a été trouvé aussi dans le département de la Vendée par M. de Graslin, et dans l'Ardèche, où il butine le soir sur les bruyères en fleurs, par M. Millière. Pas rare.

Genre EPISEMA, Och.

Antennes largement pectinées dans les mâles, minces et filiformes dans les femelles. Palpes droits, courts, velus, à troisième article distinct. Spiritrompe presque nulle. Thorax robuste, laineux. Abdomen épais dans les deux sexes, lisse, velu. Ailes entières, épaisses, veloutées, à taches confluentes et traversées par la nervure médiane qui est claire, sans taches cunéiformes subterminales.

Chenilles inconnues.

TRIMACULA, S. V. (pl. 35, fig. 9.)

Nous n'avons aucune certitude que cette espèce ait été prise en France, quoiqu'il est très-probable qu'elle s'y trouve. Nous la décrivons très-brièvement pour faire ressortir la différence qu'il y a entre elle et l'aberration suivante.

35ᵐ. Ailes supérieures *d'un cendré un peu jaunâtre*, saupoudré de quelques atomes noirs, avec une partie de l'espace médian d'un brun-noir, sur lequel se dessinent les taches ordinaires de la couleur du fond. Autriche, Hongrie.

Aʙ. *Hispana*, Bdv., Dup.

Taille de *Trimacula*. Ailes supérieures *d'un cendré-bleuâtre clair sans aucune nuance de jaunâtre*, avec l'espace médian d'un brun-noir, excepté à la côte et au bord interne. Sur cet espace se dessinent les taches ordinaires, lesquelles sont grandes, de la couleur du fond et prolongées en-dessous de la nervure médiane qui les traverse et les lie. Lignes médianes d'un brun-noir. L'extrabasilaire arquée et la coudée formant deux coudes arrondis. Espace terminal presque concolor ; frange grise. Ailes inférieures d'un gris-cendré luisant, avec la frange presque blanche. — ♀ semblable.

Le papillon paraît en septembre ; il se trouve dans le centre de la France. Environs de Lyon, départements de la Charente, *Delamain ;* de l'Indre, *Maurice Sand.*

Aʙ. *Unicolor*, Dup.

Ailes supérieures et thorax d'un jaune-ocracé clair, souvent un peu roussâtre, sans aucun vestige de taches ni de lignes. Ailes inférieures et abdomen d'un blanc-ocracé, avec la frange-roussâtre. — ♀ semblable. France méridionale, Montpellier.

Genre CHARÆAS, Stph.

Antennes du mâle droites, assez courtes, garnies de barbules fortes, et diminuant insensiblement jusqu'à l'extrémité de la tige, qui est très-aiguë; celles de la femelle paraissant filiformes à la vue. Palpes courts, droits, velus, à dernier article ovoïde et épais. Thorax velu. Abdomen garni de poils latéralement et à l'anus. Ailes entières, courtes, épaisses, à taches distinctes, avec une tache bidentée au bout de la cellule.

Chenilles rases, de couleurs sombres, à lignes très-distinctes, vivant cachées à la racine des graminées. Chrysalides enterrées.

GRAMINIS, L., Dup. (pl. 36, fig. 2.)

30^m. Ailes supérieures d'un brun-roux ou d'un brun-ferrugineux, quelquefois d'un brun-noirâtre, avec l'espace terminal précédé d'une série de traits cunéiformes, souvent peu visibles, et la frange claire. Les trois taches ordinaires sont séparées, jaunâtres, et nullement cerclées. On remarque en outre sous la réniforme une tache oblongue, blanche, bidentée. Ailes inférieures noirâtres, à disque clair, avec la frange d'un blanc-jaunâtre. — ♀ semblable, mais plus grande.

La chenille vit cachée au pied de presque toutes les graminées; elle est quelquefois en si grande abondance dans le nord de l'Europe, qu'elle cause les plus grands ravages dans les prairies en rongeant les racines des graminées. Le papillon éclôt en juin, juillet et août; il est commun en Auvergne sur les plateaux élevés du Mont-Dore, ainsi que dans les Vosges, l'Alsace, les Ardennes, etc,

Ab. *Triscuspis*, Esp.

Les taches ordinaires, la claviforme et la tache bidentée sont confluentes et se prolongent en jaune clair jusqu'à la base de l'aile.

Albineura, Bdv., est une ab. assez tranchée, mais paraît propre au nord de l'Europe.

Genre PACHETRA, Gn.

Antennes des mâles longues, aiguës au sommet, fortement pectinées; celles des femelles filiformes. Palpes courts, droits, le deuxième article large, velu, le troisième court, ovalaire. Thorax large, velu, avec une forte crête derrière le collier. Spiritrompe médiocre. Abdomen crêté dans les deux sexes; celui des mâles caréné; celui des femelles très-volumineux, terminé en pointe obtuse. Ailes supérieures subdentées, épaisses, veloutées, à lignes et taches très-distinctes.

Chenilles épaisses, veloutées, renflées postérieurement, rayées longitudinalement sur le dos et sur les côtés. Elles vivent cachées au pied des graminées et sous les feuilles sèches, et se chrysalident au printemps dans des coques d'un tissu léger.

Leucophæa, S.V., Dup. (pl. 36, fig. 4.)

40 à 45ᵐ. Ailes supérieures d'un gris-blanchâtre, plus ou moins nuancé de jaunâtre et varié de brun-

noir, avec les trois premières lignes dentées, géminées, et la subterminale maculaire, précédée de taches noirâtres. Taches ordinaires grandes, bien marquées, blanches, à disque gris; claviforme d'un brun-noir, ordinairement courte, mais souvent très-allongée. Frange entrecoupée de gris-noir et de blanc. Ailes inférieures blanchâtres avec les nervures, une tache cellulaire et un liseré terminal noirâtres. Antennes jaunâtres. — ♀ semblable.

La chenille sort de l'œuf en automne, elle hiverne et parvient à toute sa taille dans le courant d'avril; elle vit de graminées dans les bruyères des bois secs. Le papillon éclôt en mai et juin. On le trouve souvent appliqué contre le tronc des arbres. Assez commun partout.

Genre CERIGO, Stph.

Antennes garnies de dents courtes et pubescentes dans les mâles, simples et filiformes dans les femelles. Palpes dépassant la tête, un peu écartés, comprimés latéralement; le deuxième article large, velu; le troisième court et conique. Thorax convexe, muni d'une crête épaisse à sa base, à collier relevé. Abdomen long, terminé par une brosse de poils dans les deux sexes. Ailes supérieures épaisses, à taches bien distinctes.

Chenilles rases, cylindriques, lisses, rayées longitudinalement; vivant sur les graminées et se cachant pendant le jour. Chrysalides enterrées.

MATURA, Hufn. *Cytherea*, F., God. (pl. 36, fig. 6.)

38^m. Ailes supérieures d'un brun-obscur, avec les lignes grises, distinctes. Les deux médianes bordées de noir intérieurement. La subterminale vague, ondée, précédée de traits sagittés, et coupée par l'extrémité des nervures, qui est grise. Les trois taches bien distinctes, cerclées de noirâtre. La réniforme et l'obiculaire rougeâtres dans leur milieu. Ailes inférieures d'un jaune-paille, très-pâle, avec une bordure noirâtre et la frange d'un blanc sale. — ♀ semblable.

La chenille ressemble un peu à celles des *Leucania*; elle vit très-cachée sous les touffes de graminées depuis le mois de septembre jusqu'au mois d'avril; elle aime les lieux arides et le bord des routes. Papillon en juillet, août et septembre, dans les endroits herbus, les chaperons des murs, etc. Plus ou moins rare selon les localités. Assez commun aux environs de Paris.

Genre LUPERINA. Bdv.

Antennes garnies de dents ou de lames pubescentes dans les mâles, filiformes dans les femelles. Palpes courts, robustes, ascendants, velus, à dernier article nu, conique. Thorax arrondi, velu. Abdomen lisse, très-épais chez les femelles. Spiritrompe moyenne. Ailes supérieures subdentées, à lignes et taches distinctes.

Chenilles épaisses, de couleurs livides, avec des points verruqueux plus ou moins distincts. Elles vivent dans l'intérieur des tiges, ou cachées dans les racines ou sous les feuilles basses. Chrysalides dans des coques de terre agglutinées.

Luteago, S.V., Dup. (pl. 36, fig. 7.)

38 à 40ᵐ. Ailes supérieures d'un jaune-roussâtre, avec la côte et l'espace médian plus ou moins maculé de brun-roux. Ligne extrabasilaire ondulée, géminée, brune; coudée brune, dentelée et éclairée de jaune-clair extérieurement. Subterminale anguleuse d'un jaune-clair et formant un M dans son milieu. Taches ordinaires de la couleur du fond. Côte marquée dans toute sa longueur de plusieurs points jaunes. Frange un peu festonnée, brune et entrecoupée de jaune. Ailes inférieures d'un gris-jaunâtre, plus clair à la base, et la frange d'un jaune-clair.

La chenille découverte par M. de Graslin vit en juillet et août, d'abord dans la tige, puis dans la racine du *Silene inflata*, dans laquelle elle se creuse une galerie quelquefois à plus de 35 centimètres de profondeur. Parvenue à toute sa taille, elle se chrysalide à la surface du sol dans une coque de terre agglutinée. Papillon en mai, juin et août. Très-rare en France. Paris, *Goosens*; vole le soir sur les fleurs des *Borraginées*; Montpellier, Hyères, *Donzel*; Indre, *Maurice Sand*; Saône-et-Loire, *Constant*.

Rubella, Dup.

36ᵐ. Ailes supérieures d'un carné-vif, avec toutes les lignes fines, rougeâtres, souvent peu indiquées, et l'espace médian traversé par une ombre d'un rougeobscur, quelquefois d'un brun plus ou moins foncé. Taches ordinaires de la couleur du fond et séparées par l'ombre médiane. Frange d'un brun-rougeâtre. Ailes inférieures d'un blanchâtre-luisant, faiblement carné dans le voisinage de la frange qui est rougeâtre. — ♀ plus grande, avec l'abdomen très-développé et lisse.

La chenille décrite et figurée par M. Millière (*Iconographie*) vit dans les racines des graminées à une très-grande profondeur (10, 15 et même 20 centimètres). Elle préfère les collines chaudes et arides, et parvient à toute sa taille du 15 au 20 juillet. Elle se chrysalide dans une coque molle, composée de soie, de grains de terre et de radicules de graminées. L'insecte parfait éclôt vers le 15 ou le 20 août, et continue à voler pendant le mois de septembre. France méridionale, environs de Lyon, Ardèche, Provence, Cannes, Hyères, etc. Pas rare.

TESTACEA, S.V., Dup.

35ᵐ. Ailes supérieures d'un gris un peu carné, nuancé de gris plus foncé, surtout dans l'espace médian et au bord terminal. Lignes médianes composées de lunules noires irrégulières. Tache claviforme petite, noire, évidée. Orbiculaire et réniforme de la couleur du fond, mais bordées de plus clair; cette dernière toujours ombrée de noir du côté interne. Ligne subterminale claire, ondulée, souvent peu marquée. Frange entrecoupée. Ailes inférieures blanches légèrement rosées dans les deux sexes, avec un liseré noirâtre interrompu vers l'angle anal.

La chenille vit en société dans les racines des graminées, selon M. Peyerimhoff, et sur le *Marrubium vulgare*, selon M. Trimoulet, en juin et octobre. Le papillon n'est pas rare dans presque toute la France, dans les champs de bruyères et de genêts. On le trouve souvent contre le tronc des arbres, en mai, juillet, août et septembre, selon les localités.

NIKERLII, Frey., II.S.

Un peu plus petite que *Testacea*. Ailes supérieures plus étroites, presque de la même couleur mais d'un gris tirant un peu plus sur le cendré. Ligne extrabasilaire un peu plus claire que le fond et formée par quatre chevrons aigus. Coudée de la même couleur que l'extrabasilaire, moins apparente et liserée de brun moins foncé. Subterminale composée de petites lunules brunes éclairées en dehors, mieux visibles à la partie inférieure. Tache orbiculaire petite, peu visible, indiquée par un liseré brun. Tache réniforme presque carrée sur trois faces, concave et éclairée de gris-blanchâtre à sa partie externe qui touche à la coudée, tandis qu'elle en est séparée chez la *Testacea*. Frange brune entrecoupée de gris. Ailes inférieures blanches ainsi que la frange. — ♀ un peu plus grande, avec toutes les lignes mieux écrites.

Chenille vivant de graminées et se tenant cachée dans leurs racines dans les endroits sablonneux. Papillon fin d'août et commencement de septembre.

Cette espèce, que l'on ne connaissait que de Bohême, a été découverte dans les Pyrénées-Orientales par M.

de Graslin, auquel nous empruntons cette description. Cependant, nous devons ajouter que cette description ainsi que la figure qui l'accompagne (A.S.E. 1863) ne s'accordent pas complètement avec les individus de cette espèce que nous possédons et qui viennent de Prague.

Dumerilii, Dup.

28ᵐ. Ailes supérieures d'un gris-jaunâtre, avec l'espace médian et le bord terminal d'un brun plus ou moins foncé. Lignes médianes brunâtres, assez rapprochées au bord interne, et éclairées de blanc-jaunâtre extérieurement. Subterminale peu marquée, d'un blanc-jaunâtre, ainsi que les taches ordinaires. Frange jaunâtre et entrecoupée de brunâtre. Ailes inférieures blanches sans aucune tache ni bande. — ♀ semblable, mais ordinairement un peu plus pâle.

La chenille est inconnue. Le papillon éclôt en août et septembre ; il n'est pas très-rare aux environs de Paris dans les herbes et sur le tronc des ormes, *Goosens*. Départements de la Sarthe, *Fallou;* de l'Indre, *Maurice Sand;* rare. Il se trouve aussi, dit-on, dans la France méridionale et occidentale, mais nous ne pouvons préciser les localités avec certitude. M. de Peyerimhoff nous indique aussi l'Alsace, mais avec doute.

Desyllesi, Bdv.

De la taille de *Dumerilii*. Ailes supérieures d'un gris-brunâtre, avec les deux lignes médianes fines, noirâtres, assez écartées par en bas, éclairées extérieurement d'un fin liseré jaunâtre. Taches ordinaires

distinctes, d'un blanc-jaunâtre à centre gris-brun.
Ligne subterminale d'un blanc-jaunâtre, étroite, mais
continue et touchant les deux bords. Espace terminal
point ou à peine plus foncé que le fond. Ailes inférieures blanches dans les deux sexes, avec un liseré grisâtre. Antennes du mâle fortement crénelées.

Ne connaissant pas cette rare espèce, nous en em-
pruntons la description à M. Guénée (*Species général*).
Découverte sur le littoral de la Manche par M: Bottin
Desylles.

Cespitis, S.V., Dup.

35 à 38ᵐ. Ailes supérieures d'un brun-noirâtre,
unicolore, avec les lignes médianes légèrement ondées,
noires, éclairées de jaune-pâle extérieurement. Ligne
subterminale ordinairement bien écrite en jaune-pâle.
Taches ordinaires de la couleur du fond, mais bordées de jaune-pâle ou rougeâtre. Toutes ces lignes et
taches plus ou moins bien marquées, quelquefois
complètement absorbées dans la couleur du fond.
Frange du même ton que les ailes et séparées du bord
terminal par un double liseré brun et fauve. Ailes inférieures d'un blanc-sale sur le limbe, brunâtres vers
le bord terminal. — ♀ semblable à ailes inférieures
presque entièrement brunâtres ou enfumées.

La chenille vit de racines de graminées, principalement de *chiendent* (*Triticum repens*); elle parvient à
toute sa taille en juillet, et le papillon éclôt en août. Il
est assez commun aux environs de Paris, mais paraît

plus rare ailleurs. Indre, *Maurice Sand ;* Charente, *Delamain ;* Auvergne, *Guillemot ;* etc.

Cette espèce offre quelquefois une ab. avec les ailes
supérieures d'un gris-cendré ou rougeâtre ; et toutes
les lignes et les trois taches bien écrites.

Dumetorum, Hb.-Gey., Bdv.-Ico.

37ᵐ. Ailes supérieures d'un gris-plombé, avec les
lignes médianes géminées, dentées, d'un gris-blanchâtre dans leur milieu ; subterminale très-ondulée. Taches ordinaires concolores, bordées de gris ; la réniforme
assez grande ; l'orbiculaire moins distincte ; la claviforme évidée et peu marquée. Frange entrecoupée de
gris. Ailes inférieures avec la frange fortement entrecoupée dans la figure de Hubner-Geyer, simple dans
celle de M. Boisduval. Environs de Digne en juillet.

Ne connaissant pas cette espèce rare et peu connue,
nous empruntons cette courte description à l'ouvrage
de Hubner-Geyer ; car M. Boisduval n'en a point donné
avec la figure qu'il a publiée dans son *Icones.* Nous
ajouterons que M. Guénée place cette espèce dans le
genre *Agrotis,* mais avec doute ; M. Lederer dans le
genre *Luperina,* où nous la plaçons ; et M. H. Schœffer
dans le genre *Ophiusa.*

Virens, L., Dup.

37ᵐ. Ailes supérieures d'un vert-tendre uni, avec la
tache réniforme figurant un croissant blanc. Tête et
thorax de la couleur des ailes. Ailes inférieures d'un
blanc légèrement teinté de verdâtre. Frange des quatre ailes blanche.

Cette jolie espèce ne conserve pas longtemps sa couleur verte, elle passe très-facilement au vert-jaunâtre.

La chenille vit en juin sur les graminées dans les lieux arides, *Goosens;* et aussi sur plusieurs plantes basses, *plantain*, *morgeline*, etc. Le papillon éclôt en juillet et août; il est assez rare partout. Paris, Alsace sur les genêts; Indre, *Maurice Sand;* Saône-et-Loire sur la bruyère, *Constant;* Auvergne, Doubs, Hautes-Alpes où M. Constant l'a prise assez abondamment.

AB. A.

Tache blanche en croissant, des ailes supérieures manquant complètement. Se trouve quelquefois avec le type.

Genre **MAMESTRA**, Och.

Antennes longues, simples ou dentées, garnies de cils isolés ou fasciculés, très-courts chez les mâles. Palpes épais, velus, à dernier article très-court. Spiritrompe moyenne. Thorax robuste, velu et mêlé d'écailles. Abdomen long, crêté au moins sur le premier anneau dans les deux sexes. Ailes de couleurs sombres, plus ou moins nébuleuses, mais à taches et lignes distinctes.

Chenilles cylindriques, allongées, rases, de couleurs livides, vivant des feuilles des plantes basses, et se cachant pendant le jour. Chrysalides enterrées et renfermées dans des coques de terre.

CHENOPODIPHAGA, Rbr., Dup.

46ᵐ. Ailes supérieures d'un gris-verdâtre un peu

roussâtre, avec la ligne extrabasilaire brune, en zig-zag, bordée de blanchâtre extérieurement. Ligne coudée dentée en scie, brunâtre et bordée de blanchâtre extérieurement; ces deux lignes ordinairement peu marquées. Ligne extrabasilaire très-bien écrite, très-anguleuse, et les deux angles du milieu, qui dépassent de beaucoup les autres, s'avancent jusqu'à la frange. On voit en outre une ligne basilaire peu allongée. Taches ordinaires de la couleur du fond et finement cerclées de noirâtre; réniforme plus ou moins ombrée de brun au milieu; orbiculaire irrégulière et de forme allongée; claviforme brune, évidée. Traits virgulaires blanchâtres. Nervures brunes, plus ou moins ponctuées de jaunâtre. Frange crénelée, d'un gris-jaunâtre et précédée d'un liseré brun. Ailes inférieures d'un brun-roussâtre, plus pâle vers la base. — ♀ semblable.

La chenille se trouve en hiver et au mois de mai sur le *Chenopodium fructicosum*, les *Atriplex* et les *Salsola* salés qui croissent au bord de la mer. Le papillon éclôt au printemps et en automne; il habite les bords de la Méditerranée.

SERRATILINEA, Tr., Dup.

46ᵐ. Ailes supérieures d'un gris-cendré saupoudré de noir avec les lignes noires, bordées de blanc; les deux médianes très-profondément festonnées vers le bord interne. Ligne subterminale très-dentée, blanchâtre, ornée intérieurement de deux taches noirâtres, l'une vers le milieu de la ligne, l'autre vers le bord in-

terne. Ligne terminale dentée en scie. Ombre médiane
noirâtre, vague, se rapprochant de la coudée par en
bas, et beaucoup mieux marquée vers la côte. Taches
ordinaires vaguement circonscrites; la réniforme d'un
jaune-d'ocre dans son milieu, cernée de blanchâtre,
dont on n'aperçoit bien que deux points blancs, con-
tigus, vers son côté externe et inférieur. L'orbiculaire
peu marquée, paraît être teintée de roux et avoisine
une tache grise presque carrée. On voit en outre entre
la coudée et la subterminale une série de petits points
noirs placés sur les nervures. Ailes inférieures d'un
gris-roussâtre, avec une tache discoïdale et une bande
transverse d'un brun plus foncé. Tête et thorax gris.
— ♀ semblable.

La chenille, suivant M. Treitschke, se nourrit de
plantain lancéolé. On la trouve en juin parvenue à
toute sa taille, et le papillon éclôt en juillet. Il est rare,
et n'a encore été trouvé que dans les Basses-Alpes en
juin.

Pernix, Hb., Dup.

48ᵐ. Ailes supérieures d'un gris-cendré, légèrement
bleuâtre et sablé de brun, avec les espaces médian et
terminal plus foncés. Lignes fines, éclairées de blanc-
grisâtre; l'extrabasilaire très-anguleuse, la coudée faisant un coude arrondi vis-à-vis de la tache réniforme,
la subterminale ondulée. Taches peu marquées, quelquefois même se confondant avec la couleur du fond.
Côte marquée de trois petits points blancs vers l'angle
apical, et de plusieurs taches noirâtres dans le reste

de sa longueur. Frange d'un gris-brun, entrecoupée de blanchâtre et précédée d'une série de petites lunules noires. Ailes inférieures d'un gris-cendré un peu roux. — ♀ semblable.

Chenille inconnue. Le papillon est toujours très-rare. Alpes de la France et de la Savoie, Pyrénées-Orientales, Hautes-Pyrénées, en juin et juillet. Se tient caché sous les pierres pendant le jour.

MAILLARDI, Hb., Dup.

45ᵐ. Ailes supérieures d'un brun-noirâtre légèrement teinté de ferrugineux, avec les deux lignes médianes noires, denticulées, éclairées de blanc-grisâtre extérieurement. Subterminale assez bien indiquée en gris-clair, très-dentée et formant un M appuyé sur des points noirs, entre les première et troisième nervures inférieures. Taches ordinaires finement dessinées en noir; la réniforme bordée de blanc du côté externe, l'orbiculaire petite, plus claire que le fond. Côte marquée vers l'angle apical de trois ou quatre petits traits blancs, et dans le reste de sa longueur de plusieurs taches noires. Frange de la couleur du fond, et précédée d'une série de petites lunules noires. Ailes inférieures d'un gris-brun avec une lunule discoïdale et la frange blanchâtre. Thorax de la couleur des ailes supérieures avec des poils d'un gris-cendré.

Chenille inconnue. Papillon en juillet dans les montagnes alpines. Mont Cenis, Savoie, Chapieu; vallée de Chamouny, *Fallou*. Basses-Alpes, Hautes-Pyrénées. Très-rare.

Rubrirena, Tr., *Feisthamelii*, Bdv., Dup.

45 à 50^m. Ailes supérieures d'un brun-foncé, ou d'un brun-violâtre, légèrement saupoudrées d'atômes gris ; avec toutes les lignes bien écrites, blanchâtres ou grisâtres et bordées de brun-noir. Mais ce qui caractérise le mieux cette espèce, ce sont les deux taches ordinaires, qui sont grandes et bien tranchées sur la couleur du fond. L'orbiculaire est d'un jaune-clair, ou roussâtre et bordée de noir. La réniforme d'un jaune-clair est marquée dans son centre d'un croissant roussâtre ou brunâtre. Ailes inférieures d'un gris-jaunâtre clair, fortement lavées de brun depuis le bord externe jusque vers le milieu.

Chenille inconnue. Papillon en août dans les montagnes de la Savoie, Chamouny. Très-rare.

Abjecta, Hb.

45^m. Ailes supérieures d'un gris-noisette, plus ou moins foncé, un peu luisant, avec toutes les lignes faiblement marquées, géminées et éclairées de plus clair dans leur milieu. Espace subterminal avec une série de traits sagittés, bruns, irréguliers, s'appuyant sur la subterminale qui est assez fortement dentée. Taches peu visibles, la réniforme cerclée de blanc dont on n'aperçoit bien qu'une petite lunule, ordinairement très-blanche, à son côté externe, et quatre petits points également blancs dont deux au-dessus et deux au-dessous. On voit en outre : entre la réniforme et la coudée quelques traits bruns, épais et placés entre les nervures. Ailes inférieures d'un gris-enfumé avec le bord terminal plus foncé, et la frange blanche. Thorax de la couleur des supérieures; abdomen de celle des inférieures.

La chenille est peu connue; elle vit de plantes basses, et se cache pendant le jour sous les pierres et à la base des plantes. Le papillon est toujours assez rare, il se trouve en juin et juillet, dans le centre et le midi de la France. Département de l'Indre, *Maurice Sand*.

Ab. *Fribolus*, Bdv.,

Ailes supérieures d'un gris-noir foncé. Mêmes localités.

Anceps, Hb., *Infesta*, Bdv., *Aliéna*, Dup.

40^m. Ailes supérieures d'un gris-blond, avec les espaces médian et terminal plus foncés et un peu roux. Taches et lignes se détachant en clair. La subterminale formant un M bien prononcé sur les première et deuxième nervures inférieures. Frange brune entrecoupée de jaunâtre, et précédée d'une ligne festonnée noire. Ailes inférieures d'un blond-pâle, et lavées de brun au bord externe. Frange blanchâtre. — ♀ semblable.

La chenille vit de plantes basses et se trouve assez rarement. M. Jourdheuille, l'a cependant trouvée abondamment aux Riceys (Aube) dans les épis de maïs. Le papillon est au contraire très-commun dans presque toute la France, en mai, juin et août. C'est au bord des routes sur les troncs d'arbres, dans les touffes de lierre, les broussailles, les vieux fagots, qu'on le trouve le plus communément.

Ab. *Renardii*, Bdv.

Tous les dessins ont disparu ; les ailes supérieures sont entièrement d'un blanc ocracé uni, à l'exception de l'espace terminal, où il reste des traces de grisâtre. Ailes inférieures d'un blanc sale, luisant, sans tache. Nord de la France.

Albicolon, Hb., Dup.

38^m. Ailes supérieures d'un gris-brunâtre ou noirâtre ; quelquefois d'un gris-testacé jaunâtre, avec les taches et les lignes indistinctes, excepté la subterminale qui est d'un blanc-jaunâtre, interrompue, mais souvent assez bien marquée. Tache réniforme ayant à son extrémité inférieure et externe un petit C blanc bien écrit. Ailes inférieures participant de la couleur des supérieures, mais toujours plus claires. — ♀ semblable, mais plus grande. Chenille dans les rides et sous les écorces des peupliers. Papillon en juin. Centre la France ; Auvergne ; Indre, *Maurice Sand*. Assez rare. Quelquefois assez commun aux environs de Paris, sur les petits arbres ; vole très-vite quand on le déplace, et est difficile à prendre. *Goosens*.

Furva, S. V., Dup.

38^m. Ailes supérieures d'un brun-foncé varié de roux, avec les trois premières lignes assez bien marquées, sinueuses, géminées et éclairées de jaunâtre dans leur milieu. Subterminale très-bien écrite, d'un jaunâtre clair, formant un M dans son milieu, et précédée de trois à quatre taches cunéiformes noires. On voit en outre, entre la coudée et la subterminale, une série de petits points jaunâtres; mais ces points ne sont pas également bien visibles chez tous les individus. Les trois taches sont très-apparentes; la réniforme est cerclée de jaunâtre, ainsi que l'orbiculaire, mais celle-ci plus obscurément. La claviforme est courte, noire, souvent presque nulle. Frange entrecoupée et précédée d'une série de lunules noires. Ailes inférieures d'un gris-jaunâtre, avec une large bordure foncée, coupée près de l'angle anal par une ligne claire. Thorax brun mêlé de jaunâtre. — ♀ semblable.

Chenille en juin, cachée à la base des graminées. Papillon en juillet et août. Il n'est pas rare dans les Basses-Alpes et en Savoie où nous l'avons pris abondamment le soir à la lanterne. Pyrénées-Orientales et département de la Charente (Delamain). La chenille ressemble selon M. Guénée à celles des *Xylophasia Lateritia et Polyodon*; et selon M. de Graslin à celle de l'*Agrotis Agathina*.

Brassicæ, L., Dup.

40 à 45ᵐ. Varie beaucoup pour la couleur, qui est d'un brun plus ou moins nuancé de jaunâtre, avec les trois premières lignes confusément indiquées. La coudée très-sinueuse est formée d'une suite de lunules noires. La subterminale, blanche, ondulée et en M dans son milieu. Taches de la couleur du fond; la réniforme seule, est bordée de blanc, surtout du côté externe. Claviforme bordée de noir, et ordinairement bien écrite. Ailes inférieures d'un gris enfumé, avec le bord externe plus foncé, et une lunule discoïdale brune.

La chenille de cette espèce, est un véritable fléau pour les potagers, et surtout pour les plantations de choux. Dans sa jeunesse, elle n'attaque que les feuilles extérieures de cette plante; mais ensuite elle pénètre jusqu'au cœur; et comme elles sont ordinairement plusieurs ensemble, elles la creusent entièrement sans qu'il y paraisse au dehors. Elle attaque aussi, dit-on, les plantations de tabac. On la trouve depuis le mois de juillet jusqu'à la fin de septembre. Elle se chrysalide en terre, passe l'hiver, et le papillon éclôt en mai et juin de l'année suivante. Il est commun partout.

PERSICARIÆ, L., Dup. (pl. 36, fig. 9.)

38 à 40^m. Ressemble beaucoup pour les dessins à *Brassicæ*; mais s'en distingue par sa couleur qui est d'un brun-noir, avec un léger reflet bleuâtre dans les individus bien frais. Mais ce qui la fera toujours reconnaître facilement, c'est sa tache réniforme, qui est d'un beau blanc, avec un croissant roux dans son milieu. Ailes inférieures blanchâtres depuis la base jusque vers le milieu, et ensuite d'un brun-noirâtre jusqu'au bord externe, avec une liture grisâtre le long de ce bord. Abdomen grisâtre avec une petite touffe de poils roux sur le premier anneau, et quelques petites crêtes noires sur les suivants. — ♀ semblable.

La chenille est assez commune en septembre, sur différentes plantes basses, telles que persicaire, oseille, ronce, genêts, euphorbe, saule, chêne, etc., dans les lieux humides et marécageux. Elle est très-difficile à élever. Le papillon se trouve en mai et juin, dans une grande partie de la France; mais il n'est pas commun partout.

Aв. *Accipitrina*, Esp.

Diffère du type, par l'absence complète de la tache réniforme blanche. Nous n'avons aucune certitude que cette ab. ait jamais été trouvée en France.

Genre APAMEA, Och.

Antennes un peu moniliformes, pubescentes, plus épaisses dans les mâles. Palpes écartés, comprimés, dépassant un peu la tête; les deux premiers articles très-velus; le dernier très-distinct, filiforme, obtus. Thorax carré, velu, mêlé d'écailles, à ptérygodes courtes, écartées, et à crête bifide derrière le collier. Abdomen long, crêté, dans les mâles, souvent dans les deux sexes, caréné et terminé carrément dans les premiers. Chenilles assez courtes, atténuées aux extrémités, à peau ferme, luisante, rase, à points ordinaires souvent luisants, à lignes distinctes; vivant principalement sur les graminées, et se cachant souvent dans leur tige. Chrysalides enterrées.

Les *Apamea* sont des insectes de moyenne taille, de couleurs sombres, mais à dessins très-nettement marqués. Les taches ordinaires sont bien écrites, souvent blanches ou jaunes. Ces noctuelles sont très-vives, et elles volent au crépuscule avec beaucoup d'ardeur.

Basilinea, S.V., Dup.

39ᵐ. Ailes supérieures d'un gris ferrugineux, plus

foncé dans l'espace médian, et plus clair à l'angle apical. Lignes ordinaires bien marquées, brunes, géminées et éclairées de plus clair dans leur milieu. Taches jaunâtres l'orbiculaire paraissant s'étendre obliquement jusqu'à la côte. Réniforme grande, bordée de jaune pâle, avec quelques atomes bleuâtres à sa partie inférieure. Frange séparée du bord terminal par une ligne festonnée noire. Mais ce qui caractérise le mieux cette espèce, c'est la ligne basilaire, qui est noire et s'étend souvent depuis le thorax jusqu'à la ligne extrabasilaire. C'est cette ligne qui a fait donner à cette espèce le nom qu'elle porte. Côte avec trois petits points blancs vers l'angle apical, et des taches noires dans le reste de son étendue. Ailes inférieures d'un gris obscur, plus clair vers la base des ailes et frange jaunâtre. La chenille de cette espèce est encore une des plus dangereuses pour l'agriculture ; elle attaque spécialement les céréales, et se multiplie souvent assez pour causer de véritables dégâts. Elle éclôt par petites familles sur les épis de nos froments ; et les jeunes chenilles percent les grains pour se nourrir de la farine. Le meilleur moyen de se procurer cette espèce (chenille et papillon) et de la chercher autour des granges, dans lesquelles on a rentré du blé en gerbes. Chenille en septembre et octobre. Papillon en mai et juin. Très-commun partout.

CONNEXA, Bkh., Dup.

32ᵐ. Ailes supérieures d'un gris-blanchâtre, légèrement teinté de jaunâtre depuis la base jusqu'au milieu de l'aile, et de bleuâtre jusqu'au bord marginal, avec les deux lignes médianes brunes, ondulées, se courbant en sens contraire dans leur partie inférieure, et se rapprochant par leur côté convexe, avant d'arriver au bord interne. Taches ordinaires se détachant en clair sur la partie la plus large de l'espace médian, qui est taché de brun. Partie étroite de cet espace remplie par du brun-noir, formant une tache presque carrée. Ligne subterminale brune, dentée en scie et éclairée de blanchâtre extérieurement. Ligne basilaire noire, accompagnée en-dessous d'une autre ligne également noire et parallèle au bord interne. Abdomen avec de petites crêtes noires. Frange brune entrecoupée de gris, et précédée par une série de petites lunules noires. Ailes inférieures d'un gris-brun, et frange blanchâtre. — ♀ semblable. Cette espèce dont la chenille n'est pas connue, habite les bords du Rhin. Nous ne connaissons qu'un seul exemplaire pris en France, à la grande Chartreuse par M. Fallou, en juillet.

GEMINA, Hb., *Anceps*, Dup.

35ᵐ. Ailes supérieures d'un gris-brun, maculé de brun plus foncé, avec l'espace terminal plus clair et marqué de deux taches brunes. Lignes et taches d'un ton plus pâle. La réniforme plus blanche que l'orbiculaire. On remarque en outre dans l'espace subterminal une série de petits points blancs, et entre la coudée et l'extrabasilaire, un trait longitudinal noir, placé au-dessus de la nervure sous-médiane, et laissant entre lui et le bord interne, un espace ordinairement plus pâle que le fond. Frange festonnée et entrecoupée Ailes inférieures d'un gris-brun, avec la frange blanchâtre. — ♀ semblable.

Chenille en juin et en septembre; vit sur différentes plantes basses. Papillon en avril, mai, juin et septembre. Charente, *Delamain;* Indre, *Maurice Sand;* Gironde, *Trimoulet;* Alsace, *de Peyerimhoff.* Auvergne, Doubs. Assez rare.

Ab. *Submissa*, Tr., Dup.

Diffère du type par sa couleur qui est d'un gris-roussâtre, plus uniforme; les deux taches se détachent en gris-jaunâtre; les lignes bien écrites, la subterminale formant un M bien marqué, dans son milieu: contre cet M sont appuyées deux ou trois petites taches cunéiformes noires. Trait longitudinal de l'espace médian ordinairement plus long que dans le type. Mêmes localités, mais plus rare.

Unanimis, Hb.

35^m. Ailes supérieures d'un gris-roussâtre plus ou moins foncé, avec les espaces médian et terminal plus foncés. Lignes d'un blanc-jaunâtre. Tache réniforme cerclée de blanc surtout à son côté externe, et tachée de noir intérieurement à sa base. Orbiculaire jaunâtre. Claviforme noire et évidée. Trait basilaire court, noir, ainsi qu'un autre petit trait longeant le bord interne. Thorax de la couleur des ailes. Frange fortement entrecoupée de jaunâtre. Ailes inférieures d'un gris-rousssâtre ou enfumé, avec un gros point discoïdal noirâtre, et un petit point blanchâtre au bord terminal.

Frange grise.—♀ semblable, mais d'un ton moins roux.

Chenille sur les plantes basses et les graminées. Papillon en juillet et août. Environs de Paris et de Saint-Quentin, *Fallou ;* Indre, *Maurice Sand*. Assez rare.

OPHIOGRAMMA, Esp., Dup.

32ᵐ. Ailes supérieures d'un jaune-rougeâtre, plus ou moins clair, avec une grande tache costale d'un brun-ferrugineux. Cette tache qui est bordée de blanc, part de la côte, à la base de l'aile, descend obliquement jusqu'au deux tiers de l'aile, où elle est limitée horizontalement par un trait noir, court, épais, puis remonte le long de la coudée, qui la limite jusqu'à la côte. Sur cette tache se dessinent les deux taches ordinaires, dont la réniforme seule bien visible, est d'un jaune-roux et cerclée de noir. Une ombre rougeâtre occupe la place de la subterminale, et entre cette ombre et la coudée, on voit une série de petits points noirs. Le bord terminal est en outre orné de deux taches brunes s'appuyant sur la frange, dont celle de l'angle interne plus grande. Ailes inférieures d'un gris-roux, avec une lunule discoïdale et une ligne médiane noirâtres. Frange d'un blanc-rosé, précédée d'un filet noir, interrompu avant l'angle anal. — ♀ plus grise, avec la tache costale, souvent d'un noir-violet. Cette espèce est rare en France ; elle a été trouvée aux environs de Paris, *Goosens*, et dans l'Indre, *Maurice Sand*.

FIBROSA, Hb., Dup.

35ᵐ. Ailes supérieures aiguës à l'angle apical, d'un

rouge-brun, avec l'espace médian plus foncé, et le bord terminal bordé par une bande étroite et sinueuse d'un gris-bleuâtre foncé. Tache réniforme d'un gris-jaunâtre, avec un croissant d'une teinte plus claire dans son milieu, et deux petites nervures blanches, se détachant de son extrémité inférieure. Tache orbiculaire peu marquée. Tache claviforme noirâtre ainsi que la ligne basilaire. Frange fauve, entrecoupée de noirâtre. Ailes inférieures d'un gris-cendré avec la frange plus claire. Abdomen crêté. — ♀ semblable.

La chenille vit au printemps dans les tiges de l'Iris des marais (*Pseudo-acorus*) elle n'est pas très-rare dans les lieux marécageux du nord de la France, mais elle est beaucoup moins commune dans le centre. Villers-Cotterets, *Goosens;* Indre, *Maurice Sand.* Papillon en juin et en août.

AB, *Leucostigma*, Hb.

Entièrement brune ou noire, avec la tache réniforme blanche. Mêmes localités.

Cette espèce n'a guère le facies d'une *Apamea;* aussi les auteurs allemands ont-ils formé avec elle, un genre sous le nom de HELOTROPHA, Ld.

C'est aussi l'*ab. Leucostigma*, qu'ils considèrent comme le type de l'espèce.

OCULEA, L., *Didyma*, Bork., Bdv., Dup. (pl. 37, fig. 1.)

33^m. Ailes supérieures dentées, d'un gris-ocracé nuancé de roussâtre, avec une large tache costale brune. Cette tache s'étend depuis la base jusqu'à la coudée et souvent jusqu'à la subterminale, et descend dans l'espace médian dont elle occupe la moitié supérieure. Espace terminal ordinairement divisé en deux taches, du même brun. Lignes simplement indiquées. Tache réniforme de la couleur du fond, mais très-souvent blanche et munie inférieurement d'un très-petit point blanc. Ailes inférieures d'un gris-brun. Chenille au printemps sur différentes plantes basses. Papillon en juin, juillet et août. Commun partout.

Cette espèce offre une foule de variétés; aussi, dans l'impossibilité où nous sommes de les décrire toutes, nous les diviserons en deux races, à l'exemple de M. Guenée.

Ab. A, *Nictilans*, Esp.

Comprend tous les individus qui sont d'un brun tout uni, avec la tache réniforme d'un blanc pur, quelquefois cependant un peu teintée de jaune.

Ab. B, *Secalina*, Hb.

Comprend tous les exemplaires chez qui l'espace médian, ou du moins sa partie inférieure, forme une bande noirâtre descendant jusqu'au bord interne et traversée ordinairement par un trait plus noir au-dessous de la nervure sous-médiane.

Ab. C.

Variété très-remarquable, ayant les espaces basilaire et subterminal blancs. Très-rare, prise dans l'Indre, par M. Maurice Sand.

Genre MIANA, Stph.

Antennes courtes, épaisses et pubescentes dans les mâles. Palpes ascendants, le deuxième article velu-hérissé, le troisième court. Spiritrompe courte. Corps assez grêle; le thorax velu; l'abdomen long, un peu velu, caréné, à crêtes saillantes, à touffe anale écartée dans les mâles. Pattes velues. Ailes entières; les supérieures oblongues, prolongées à l'angle apical et coudées vers la deuxième inférieure, à lignes et taches bien distinctes; la réniforme habituellement concolore.

Les chenilles sont courtes, vermiformes, atténuées aux deux bouts, très-rigides. Elles vivent dans les tiges basses des plantes herbacées; elles aiment les parties humides et s'enfoncent quelquefois jusqu'à la racine.

Les insectes parfaits se reconnaissent à leur petite taille qui ne dépasse pas celle des *Bryophila;* à leur abdomen qui est fortement crêté et caréné; et à leurs ailes supérieures étroites, et un peu prolongées à l'angle apical.

STRIGILIS, L., Dup. (pl. 37, fig. 2.)

25ᵐ. Ailes supérieures d'un brun-noirâtre, avec l'espace subterminal d'un gris-clair. Lignes médianes flexueuses, dentelées, écrites en blanc, surtout la partie inférieure de la coudée. Ces deux lignes réunies par un trait noir au-dessus de la nervure sous-médiane. Taches réniforme et orbiculaire bien écrites, un peu plus pâles que le fond. Claviforme noire, évidée, appuyée sur le trait noir. Ligne subterminale peu distincte, mais découpant l'espace terminal qui est ordinairement marqué de deux taches brunes. Ailes inférieures d'un gris-noir uni. — ♀ semblable.

La chenille vit en mars et avril dans les parties humides et les plus basses des tiges des graminées. Elle se chrysalide entre les mousses vers la fin d'avril. Le papillon éclôt en mai et juin; il est commun partout, sur les arbres des routes, les clôtures, etc.

Ab. *Latruncula*, S.V., Dup.

Cette race comprend tous les individus chez lesquels le gris-blanc de l'espace subterminal est remplacé par du gris-brunâtre. Ligne subterminale ordinairement précédée d'une teinte ferrugineuse. Mêmes localités, et aussi commune.

Ab. *Æthiops*, Haw.

Ailes supérieures presque entièrement noirâtres, excepté l'espace subterminal qui reste toujours un peu plus clair. Lignes presque complètement absorbées par la couleur du fond. Ailes inférieures d'un brun-noir intense.

Mêmes localités; moins commune.

Ab. *Fasciuncula*, Haw., *Rubeuncula*, Donzel.

Diffère de *Latruncula*, en ce que le brun est remplacé sur toute l'aile par du rouge-ocracé clair. Partie inférieure de la coudée, bien écrite en blanc. Le trait noir manque.

Moins répandue que les ab. précédentes. Nord de la France, Pyrénées, Auvergne, Mont-Dore, Indre. *Maurice Sand.*

Furuncula, S.V., Dup.

21ᵐ. Ailes supérieures mi-parties de brun et de blanc-grisâtre; ces deux couleurs partagées par une ligne presque droite. Partie blanche un peu roussâtre ou brunâtre à son extrémité, qui est traversée par la ligne subterminale, plus claire et ondulée. Ailes inférieures d'un gris-pâle, avec la frange jaunâtre.

La chenille est peu connue, mais elle doit vivre comme ses congénères. Le papillon est commun en juin, juillet et août, sur les troncs des arbres, les clôtures, etc.

AB. *Terminalis*, Haw., Dup.

Cette race comprend les individus chez lesquels la partie blanche de l'aile est remplie par du brun ou du rougeâtre. Néanmoins l'aile est toujours partagée en deux nuances bien distinctes, par la ligne du milieu. Mêmes localités et pas plus rare que le type.

AB. *Rufuncula*, Haw.

Les ailes sont d'une teinte uniforme ; on y distingue cependant la ligne du milieu, ainsi que l'extrabasilaire et des traces noirâtres sur l'espace terminal. Plus rare que le type.

AB. *Pulmonariæ*, Dup.

D'un jaune d'ocre tirant sur le fauve. Ligne de séparation en deux couleurs moins sensible que chez *Terminalis*. Taches, ordinairement découpées en clair. Assez rare.

LITEROSA, Haw., *Erratricula*, Hb.

26ᵐ. Ailes supérieures d'un gris-pâle, varié de gris-foncé et légèrement teinté de rosé, surtout dans l'espace subterminal. Lignes pâles, peu marquées. Taches ordinaires d'un gris-pâle ; orbiculaire cerclée de noirâtre ;

réniforme bordée par une petite ligne noire, mais seulement du côté interne. On voit en outre : au-dessous de la réniforme une large tache pâle qui s'étend jusqu'au bord interne. Espace médian *très-étroit* surtout vers le bord interne, et traversé non loin de ce bord par une ligne horizontale noire. Thorax d'un rouge assez vif, avec une ligne noire au collier. Ailes inférieures d'un gris-noirâtre, et frange grise.

La chenille vit en avril dans les tiges des graminées ; elle est encore peu connue. (Stainton.)

Le papillon éclôt vers le milieu de juin et en juillet ; il vole au crépuscule le long des haies, et se prend facilement à la miellée.

Cette jolie *miana*, a été prise dit-on dans le nord de la France, mais nous ne pouvons pas préciser les localités.

Captiuncula, Tr., Dup.

20^m. Ailes supérieures d'un brun-foncé depuis la base jusqu'à la coudée, et d'une fauve rougeâtre dans le reste des ailes. Ligne coudée sinueuse, blanche, se joignant vers sa partie convexe à une liture blanchâtre qui descend obliquement de l'angle apical. Bord terminal longé par une bande d'un brun-noir, avec la frange grise.

Tout ce que nous savons de cette jolie espèce, c'est qu'elle est commune en juillet dans les hautes montagnes des Vosges, où elle vole en plein jour, à l'ardeur du soleil, dans les escarpements méridionaux du Hoheneck, du Rhinkoph, etc. *de Peyerimhoff*. M. Lederer a créé pour cette espèce le genre PHOTODES, qu'il place à la suite du genre *Erastria*.

ARCUOSA, Haw., *Duponchelii*, Bdv., Dup.

27^m. Ailes supérieures d'un jaunâtre pâle avec l'espace médian plus foncé. Lignes médianes figurées chacune par une série de petits points noirs. Ligne subterminale anguleuse, d'un gris-jaunâtre. Tache réniforme très-étroite, un peu plus pâle que le fond et marquée d'un point noir à sa partie inférieure. Orbiculaire entièrement oblitérée. Frange de la couleur du fond, et entrecoupée de brun. Ailes inférieures d'un gris roussâtre, avec la frange jaunâtre, — ♀ très-différente du mâle, 22^m. Ailes supérieures d'un jaune-d'ocre plombé, avec l'espace subterminal d'un jaune-clair. Toutes les lignes d'un jaune-pâle, larges, ondulées et bordées de brun des deux côtés. Tache réniforme jaune, pupillée de brun. Ailes inférieures grisâtres avec une bande transverse plus claire. Frange rosée. Chrysalide en juin dans les tiges de l'*Aira-Cespitosa*.

Cette espèce dont les premiers états sont peu connus. est très-rare en France. Elle a été trouvée dans le Loiret, *Duponchel;* en Touraine, *de Graslin;* en Alsace. forêt de Vendenheim, dans les clairières humides où croissent des carex, *de Peyerimhoff;* en juin et juillet.

Genre CELÆNA. Stph.

Antennes moyennes, minces, pubescentes dans les mâles. Palpes comme les *Miana*. Spiritrompe courte.

Thorax velu, lisse. Abdomen non crêté. Ailes supérieures entières, arrondies, à tache réniforme bien distincte. Chenille peu connue.

HAWORTHII, Curt. (pl. 37, fig. 3.)

27ᵐ. Ailes supérieures d'un brun-rouge avec un léger reflet cuivreux, et l'espace terminal d'un gris-violâtre. Tache orbiculaire blanchâtre, petite, ronde. Tache réniforme assez grande, de même couleur, tachée de jaunâtre dans son milieu, allongée inférieurement et extérieurement en deux petits filets blancs, sur les nervures. Ligne subterminale ondulée, assez bien écrite en clair. Sur cette ligne s'appuie une série de petites taches cunéiformes noires. Tache claviforme noire, évidée. Frange d'un brun-noirâtre entrecoupée de gris-roux. Le bord interne est longé par une bande étroite d'un gris-roussâtre. Ailes inférieures d'un gris enfumé avec une lunule discoïdale d'un gris-noirâtre. — ♀ semblable. La chenille est peu connue; elle vit au bord de l'Océan sur des plantes marécageuses du genre *Eriophorum*. (Stainton.)

Cette jolie espèce que l'on ne connaissait que d'Angleterre et de Prusse; a été découverte en France sur les bords d'un marais tourbeux non loin des rives de l'Erdre, par M. de Graslin, en juillet. Elle varie depuis le ton ferrugineux uni, jusqu'au brun noir foncé; c'est avec ces différentes variétés que l'on a créé les *ab. Hibernica, Stph., Morio, Ev.,* et on pourrait en créer beaucoup d'autres.

CARADRINIDÆ, Bnv.

Les *Caradrinides* sont des papillons peu brillants, de taille petite ou moyenne, et presque tous de couleur cendrée ou jaunâtre. Les lignes et les taches sont généralement bien écrites. Ils volent en quantité au crépuscule, et butinent rapidement d'une fleur à une autre.

Les chenilles sont courtes, raides, paresseuses ; elles ont 16 pattes, la tête petite. les points verruqueux surmontés de poils raides et courts. Elles vivent de plantes basses et ne sont point nuisibles à l'agriculture. Les chrysalides sont renfermées dans des coques de terre et enterrées.

Genre GRAMMESIA, Stph.

Antennes assez longues, à lames pectinées, fortes et pubescentes dans les mâles, cylindriques et presque complètement filiformes dans les femelles. Palpes courts, le deuxième article large, le troisième très-court, un peu velu. Ailes entières, à frange épaisse, à angle apical un peu aigu, avec les lignes ordinaires distinctes et les taches nulles ou à peine indiquées. Chenilles courtes, larges, atténuées antérieurement, aplaties en-dessous, rugueuses, raides, à tête petite et à trapézoïdaux surmontés de poils raides. Elles vivent de plantes basses, et se cachent dans les feuilles. Chrysalides enterrées.

TRIGAMMICA, Hufn., *Trilinea*, S.V., Dup. (pl. 36, fig. 8.)

35ᵐ. Ailes supérieures d'un fauve-clair, teinté de

roussâtre au bord terminal, avec trois lignes médianes presque parallèles, également espacées entre-elles, presque droites, noirâtres et touchant les deux bords. Ailes inférieures grisâtres, avec le bord et la frange plus claire. — ♀ semblable.

La chenille vit sur les plantains, et croît lentement depuis juin jusqu'à octobre. Le papillon éclôt en mai et juin, il n'est pas rare dans presque toute la France.

AB. *Bilinea*, Hb.

Diffère du type, en ce qu'elle n'a que les deux lignes médianes ; mais varie beaucoup pour la couleur des ailes, qui est tantôt entièrement roussâtre, et tantôt d'un brun fuligineux. Avec le type mais plus rare.

Genre HYDRILLA, Bdv.

Antennes courtes, moniliformes, à articles formant des lames trapézoïdales et pubescentes dans les mâles, aussi épaisses, mais grenues et garnies de poils isolés dans les femelles. Tête très-petite, palpes droits, grêles, subaigus, presque connivents au sommet. Spiritrompe courte. Thorax grêle et velu. Abdomen long et mince dans les mâles, court et épais dans les femelles. Ailes plus longues et mieux développées dans le mâle que dans la femelle, et ressemblant à celles des *Phalénites*. Chenilles épaisses, atténuées aux extrémités, de couleurs sombres, à dessins chevronnés ; vivant cachées sous les plantes basses dont elles se nourrissent. Chrysalides enterrées.

Palustris, Hb., Dup. (pl. 36, fig. 10.)

31^m. Ailes supérieures oblongues, arrondies, d'un brun-fuligineux, avec les deux lignes médianes et les deux taches ordinaires plus foncées. Le tout écrit vaguement et composé d'atomes. Ailes inférieures d'un gris-soyeux, avec un trait cellulaire et les nervures plus foncés.

♀ 21^m. Ailes supérieures plus étroites, plus foncées, avec les dessins beaucoup moins marqués. Ailes inférieures étroites, plus rembrunies.

Chenille vivant sur les plantains et autres plantes basses, en juillet et août. Papillon en mai et juillet; rarement trouvé en France jusqu'à présent. Indre, *Maurice Sand;* Larche, Basses-Alpes.

Genre ACOSMETIA, Stph.

Antennes courtes et pubescentes dans les mâles; minces et garnies de cils isolés dans les femelles. Palpes ascendants, arqués, à articles très-distincts, le deuxième velu, le troisième filiforme, paraissant nu. Spiritrompe très-courte. Corps grêle, lisse, thorax globuleux, velu, abdomen effilé. Pattes longues, à ergots fins. Ailes lisses, luisantes, les inférieures très-développées. Chenilles inconnues.

Caliginosa, Hb., Dup. (pl. 37, fig. 4.)

30^m. Ailes supérieures d'un gris-rougeâtre soyeux, avec la côte et des ombres plus rougeâtres devant les lignes: celles-ci peu marquées, parallèles et également écartées. La coudée suivie d'une série de points bruns. Tache réniforme écrite en clair. Ailes inférieures d'un cendré-blanchâtre, un peu luisant, légèrement obscur au bord terminal. — ♀ semblable mais toujours plus petite.

Le papillon paraît en juin et juillet; il n'est pas très-répandu quoique commun dans les départements de l'Indre et de la Charente, *Maurice Sand*, *Delamain* ; il se trouve aussi dans le midi de la France, et nous l'avons pris plusieurs fois dans la forêt de Sénart. (V. tome 1er, page 58.)

Genre CARADRINA, Och.

Antennes courtes, minces et garnies de fascicules de cils très courts. Palpes courts, ascendants, le deuxième article élargi, velu, taché extérieurement de brun, le troisième court, ovoïde, mais distinct. Spiritrompe moyenne. Thorax lisse, subglobuleux, à collier un peu saillant. Abdomen lisse, non crêté. Ailes supérieures arrondies au bord terminal, à lignes et taches bien distinctes. Les chenilles sont courtes, ramassées, d'une consistance ferme, à tête petite, à trapèzoïdaux saillants ou verruqueux, et surmontés de poils courts, raides, et souvent recourbés en sens contraire. Elles sont lentes et paresseuses, et croissent très-lentement. Ecloses à la fin de l'été, elles passent l'automne et l'hiver, et ne parviennent à toute leur taille qu'à la fin du printemps suivant, mangeant quand le temps est doux, et que le soleil est pur.

Les papillons sont généralement de couleur grise ou testacée.

Morpheus, Hufn. *Sepii*, Hb., Dup. (pl. 37, fig. 5.)

31ᵐ. Ailes supérieures d'un brun de cuir, avec les lignes, l'ombre médiane et une bande précédant la subterminale, dessinées par des atomes noirâtres. Taches ordinaires assez petites, brunes, ces deux taches séparées par du rouge brique. Une tache de cette même couleur accompagnant la réniforme extérieurement, et dans sa partie étranglée. Ailes inférieures d'un blanc-sale, luisant, avec les nervures, une petite tache cellulaire et le bord terminal, lavés de brunâtre. — ♀ semblable.

La chenille vit en septembre et octobre sur différentes plantes basses ; elle est commune aux environs de Paris, et se distingue des autres chenilles du même genre par ses poils très-courts. (*Goossens.*)

Papillon en juin et juillet ; vole sur les luzernes. et sur les bruyères ; assez rare dans beaucoup de localités.

Alsines, Brahm., Dup.

33ᵐ. Ailes supérieures d'un jaune de cuir, avec toutes les lignes faiblement écrites par des atomes noirâtres ; la coudée fine, bordée extérieurement d'un rang de petits points ; la subterminale claire, ondulée, ombrée de brun intérieurement ; l'ombre médiane est large et très-distincte. Taches ordinaires d'un brun-foncé, finement cerclées de blanchâtre. Ailes inférieures d'un gris-jaunâtre. — ♀ semblable, mais à ailes inférieures plus foncées.

La chenille vit en février et mars sur différentes plantes basses ; telles que : plantain, oseille, mouron. (*Plantago, rumex, alsine.*) Papillon en juin et juillet au crépuscule et à la miellée. Toute la France.

Superstes, Tr., *Blanda*, Hb.

Très-voisine de l'*Alsines*, à laquelle elle ressemble beaucoup : ailes supérieures d'un gris, tirant sur le rosé, saupoudrées de blanc. Ombre médiane moins distincte ; ailes inférieures un peu hyalines, un peu nacrées, avec les nervures plus foncées, et distinctes surtout à l'extrémité. — ♀ plus petite, à ailes supérieures un peu plus étroites.

Chenille vivant comme la précédente.

Papillon en juin et juillet, dans presque toute la France, mais plus ou moins commun selon les localités. Se prend aussi à la miellée.

Taraxaci, Hb., Dup.

31ᵐ. Mêmes dessins que *Superstes* ; ailes supérieures d'un gris-cendré, souvent un peu bleuâtre, avec une légère teinte roussâtre sur le disque. Taches ordinaires dessinées par un trait bleuâtre bordé de noir des deux côtés. Ligne subterminale ondulée, noire et bordée de bleuâtre du côté externe. Ailes inférieures d'un jaune-paille antérieurement et brunâtres postérieurement. — ♀ semblable.

Chenille comme les précédentes. Papillon à la

miellée en juin, juillet, août et septembre. Pas très-commun.

Ambigua, S.V., *Plantaginis*, Dup.

31ᵐ. Ailes supérieures d'un gris-cendré. Lignes médianes faiblement indiquées en clair, mais accompagnées d'une série de petits points noirs. Ligne subterminale jaunâtre, anguleuse, ombrée de brunâtre intérieurement. Ombre médiane assez bien marquée au-dessous des taches ordinaires; celles-ci grandes, très-voisines l'une de l'autre, d'un gris-roux et bordées de jaunâtre. Ce qui distingue facilement cette espèce des précédentes, ce sont ses ailes inférieures qui sont d'un blanc-bleuâtre pur, un peu nacré dans le mâle, et un peu teinté de gris au bord terminal dans la femelle.

Chenille en mars, sur les orties et les plantains, le long des murs.; s'élève très-bien avec le mouron (*Alsine media*). Papillon en juin, juillet et août. Commun partout.

Respersa, S.V., Dup.

33ᵐ. Ailes supérieures d'un gris-cendré, avec les deux lignes médianes faiblement indiquées par des points ou des atomes noirâtres. La coudée quelquefois remplacée par une double ligne de points. La subterminale ordinairement mieux écrite en brunâtre. Taches ordinaires se distinguant à peine du fond. Les trois premières lignes terminées à la côte par trois points noirs. Frange roussâtre. Ailes inférieures d'un blanc pur avec un léger reflet nacré — ♀ semblable, mais avec les ailes inférieures d'un gris-roussâtre.

La chenille, selon Bruand, vit de graminées et de joubarbe blanche : elle passe l'hiver cachée sous des pierres et on la trouve au printemps, principalement dans les pâturages secs. Elle se chrysalide en terre et le papillon éclôt en juin et juillet. Pyrénées orientales; Basses-Alpes ; Gironde, *Trimoulet;* Indre, *Maurice Sand;* Saône-et-Loire, *Constant;* Doubs, *Bruand.* Pas très-commun.

Germainii, Dup.

25 à 27^m. Ailes supérieures d'un brun foncé, avec les deux lignes médianes flexueuses, ondulées, noires. Ligne subterminale formée par une rangée de petits points d'un fauve clair, contre laquelle s'appuient de petites taches cunéiformes noires. Taches ordinaires peu marquées ; réniforme surchargée de quatre petits points, dont un blanc et trois fauves. Frange de la couleur du fond, précédée d'une série de petits points d'un fauve clair. Ailes inférieures d'un blanc-jaunâtre luisant, avec leur extrémité lavée de gris-brun.

Cette rare espèce dont la chenille est inconnue, a été découverte aux environs de Montpellier en juin par M. Germain, auquel Duponchel l'a dédiée : Indre, *Maurice Sand.*

Terrea, Frey., *Ustirena*, Bdv., Dup.

33^m. Ailes supérieures d'un gris-cendré clair avec les deux lignes médianes ondulées, noirâtres. Ligne subterminale formée de taches jaunâtres, contre lesquelles s'appuient intérieurement quatre points noirâtres cunéiformes. Bord terminal plus foncé que le reste de l'aile. Tache réniforme roussâtre, entourée de points jaunâtres. Orbiculaire formée par un petit point brun, peu visible. Ailes inférieures d'un blanc pur, luisant, ainsi que la frange ; extrémité des nervures lavée de gris. — ♀ avec les ailes inférieures plus foncées, et la tache réniforme avec un seul point jaunâtre.

Chenille inconnue. Papillon en juillet ; montagnes alpines ; Basses-Alpes, Larche. Rare.

Aspersa, Rbr., Dup.

33ᵐ. Ailes supérieures d'un gris-roussâtre finement saupoudré d'atômes brunâtres, avec le bord terminal plus foncé, et les quatre lignes noirâtres, peu visibles, et comme effacées, surtout les deux premières. Ligne coudée flexueuse et finement dentée, avec un petit point noir à la pointe de chaque dentelure. Subterminale anguleuse, brune, éclairée de jaunâtre extérieurement. Tache réniforme noirâtre, très-étroite et presqu'en forme de lunule. Orbiculaire peu visible. Frange de la couleur des ailes, précédée d'une série de points noirs, et bordée intérieurement d'un liseré jaunâtre. Ailes inférieures blanchâtres avec leur extrémité lavée de brun et la frange blanche.

Marseille, Digne, Basses-Alpes, Ardèche ; en juillet. Très-rare.

Kadenii, Frey., Dup.

30ᵐ. Ailes supérieures d'un gris-cendré, avec toutes les lignes oblitérées ou indiquées seulement par des points. Ligne subterminale formée de taches roussâtres. Tache réniforme bien marquée, étranglée, d'un brun-roux, et bordée par une ligne de petits points blancs et jaunes. Côte finement blanchâtre, marquée de plusieurs points bruns, dont deux plus gros que les autres. Frange de la couleur du fond. Ailes inférieures d'un blanc un peu sali, ainsi que la frange qui est précédée d'une série de petits points bruns. — ♀ semblable à ailes inférieures plus foncées.

Chenille en mars et avril sur différentes plantes basses.

Papillon en juin, juillet et août; Basses-Alpes, Lozère, Gironde, Pyrénées, midi de la France. Pas très-commun.

Ab. *Flavirena*, Bdv.

Ailes supérieures d'un gris-cendré foncé, avec toutes les lignes absorbées par la couleur du fond. Les points blancs et jaunes qui entourent la réniforme seuls visibles. Ailes inférieures beaucoup plus foncées que dans le type. Auvergne, Durtol ; à la la lanterne sur les fleurs de bruyères. *Guillemot*.

Selini, Bdv., Dup.

28ᵐ. Ressemble beaucoup à *Respersa*, mais beaucoup plus petite. Ailes supérieures d'un gris-cendré, avec les lignes médianes finement dentelées et plus ou moins bien écrites en brun-noirâtre. Ligne subterminale d'un rouge-ferrugineux, ainsi que la tache réniforme. Orbiculaire nulle. Côte marquée de trois points noirs auxquels aboutissent les trois lignes ordinaires. Frange de la couleur du fond et précédée d'un liseré gris. Ailes inférieures cendrées avec la base plus claire.

Chenille inconnue. Papillon en juin ; Pyrénées-Orientales, le Vernet ; *De Graslin*. Cette rare espèce, propre au Valais, se trouvera probablement dans les montagnes de la Savoie.

Cubicularis, S. V., Dup.

28 à 32^m. Cette espèce varie beaucoup pour la taille et pour la couleur. Ailes supérieures d'un gris-rougeâtre plus ou moins foncé. Lignes médianes brunes ; l'extrabasilaire très-brisée ; la coudée dentelée avec un petit point noir à l'extrémité de chaque dentelure : la subterminale ondulée, jaunâtre, bordée intérieurement d'une ligne ferrugineuse. Entre cette ligne et la coudée, on remarque une série légèrement courbe de points bruns. Tache réniforme étroite avec un gros point brun à sa base et des points blancs tout autour. Orbiculaire petite et brune. Côte marquée de trois points noirs. Frange précédée d'une série de points noirs. Ailes inférieures blanches. — ♀ semblable, mais avec le limbe des inférieures roussâtre.

Chenille au printemps, sur les plantes basses. Papillon en juin, juillet, août et septembre. Très-commun partout ; vole le soir jusque dans les appartements ; d'où son nom de *Cubicularis* (Chambre à coucher).

Infusca, Staud., Constant.

Très-voisine de *Cubicularis*, dont elle n'est peut-être qu'une variété. Dessins des ailes supérieures beaucoup moins distincts. Tache réniforme seule vaguement indiquée par quelques traits blanchâtres, accompagnés d'un petit croissant d'un jaune assez vif, et dont l'ouverture est tournée en dehors. Ailes inférieures d'un blanc moins pur, moins brillant, et plus sali de brun que chez *Cubicularis*. — ♀ semblable, mais avec les ailes supérieures plus foncées que celles du mâle.

Cette espèce dont les premiers états sont inconnus habite les Landes. Elle vole de juin en août. *Constant*, A. S. E., 1865.

LÉPIGONE, Moeschler., H. S.

27ᵐ Ailes supérieures, oblongues, étroites, presque parallèles, d'un gris-brun luisant, avec les lignes à peine indiquées par des atomes plus clairs. Taches ordinaires brunes, peu visibles ; la réniforme ayant une petite tache jaunâtre dans son milieu. Ailes inférieures blanches avec le bord supérieur teinté de gris-brun fondu. — ♀ semblable.

Nous ne connaissons rien des mœurs de cette espèce, nouvellement découverte en France dans le département des Landes, par M. Lafaury, de Dax.

NOCTUIDÆ

Les papillons de cette famille sont quelquefois ornés de belles couleurs, et munis de longues pattes à ergots prononcés ; leurs palpes sont généralement bien développés ; leur vol est rapide ; mais un grand nombre passe sa vie dans les trous des arbres et des murs, ou tapis contre les rochers. Ce n'est que le soir après le coucher du soleil, qu'ils volent souvent en grand nombre, et viennent butiner sur les fleurs, ou sur le miel dont on a enduit les troncs des arbres. Les chenilles sont très-variées : les unes sont mates, veloutées, ornées de couleurs vives, et marquées de dessins bien tranchés. Les autres sont luisantes, de couleurs sales, et n'ont souvent pour tout dessin, que les points trapézoïdaux, qui sont noirs, verruqueux et très-brillants. Les premières vivent cachées sous les feuilles sèches et les plantes basses. Les secondes semblent fuir la lumière, et vivent enterrées pendant le jour, se cachant dans les racines dont elles se nourrissent principalement, et ne sortant souvent que la partie antérieure de leur corps pour atteindre les feuilles les plus basses.

C'est en secouant les feuilles sèches et les broussailles pendant l'hiver et au printemps, que l'on peut se procurer le plus grand nombre de ces chenilles, dont beaucoup s'élèvent facilement.

Genre RUSINA. Stph.

Antennes fortement pectinées dans le mâle, et ciliées, dans la femelle. Palpes peu ascendants, comprimés, à deuxième article rectangulaire, velu, et à troisième fin, tronqué. Spiritrompe grêle. Thorax convexe, crêté entre les ptérygodes, velu dans les mâles, uni dans les femelles. Abdomen grêle dans les mâles, épais dans les femelles. Ailes supérieures assez larges.

Chenilles cylindriques, veloutées, un peu atténuées aux extrémités, à lignes distinctes, à dernier anneau parsemé de poils ainsi que la tête, qui est petite et globuleuse.

Tenebrosa, Hb., Dup. (pl. 37, fig. 6.)

35ᵐ. Ailes supérieures d'un brun foncé avec les lignes médianes noires, fines, peu distinctes ; subterminale très-sinuée et largement ombrée antérieurement. Ombre médiane vague. Traits virgulaires, origine des trois lignes à la côte, et contour de la tache réniforme d'un blanc sale. Orbiculaire nulle. Ailes inférieures noirâtres, unies, frange concolore. — ♀ semblable.

Chenille en février et mars, sur les plantes basses et particulièrement sur les *viola*. Papillon en juin, juillet et août, dans presque toute la France. Assez commun le soir à la miellée.

Genre AGROTIS, Och.

Antennes pubescentes, ciliées ou pectinées dans les mâles. Palpes courts, légèrement ascendants-obliques, leur deuxième article large, velu, tronqué au sommet, le troisième court, en bouton. Spiritrompe assez longue. Thorax, robuste, carré, à collier un peu redressé. Abdomen plus ou moins déprimé, lisse, velu latéralement dans les mâles. Pattes longues, à ergots prononcés. Ailes supérieures oblongues, épaisses, lissées et souvent luisantes, avec les lignes et les taches bien marquées.

Chenilles allongées, cylindriques, épaisses, à tête

globuleuse et à plaques cornées distinctes. Elles sont tantôt vermiformes et livides, à trapézoïdaux verruqueux, luisants, et pilifères, tantôt glabres avec les lignes plus ou moins distinctes.

Les agrotis à l'état parfait, se reconnaissent facilement à leurs ailes repliées presque parallèlement au plan de position ; les supérieures se recouvrant un peu par leur bord interne. Ils volent le soir avec beaucoup de rapidité.

Groupe I.

Obesa, Bdv., Dup. (pl. 37, fig. 7.)

38ᵐ. Ailes supérieures d'un jaune-bistré pâle, avec les nervures costale et médiane, les première et deuxième supérieures, les deuxième et troisième inférieures blanches. Lignes médianes brunes ; la coudée bordée de blanchâtre extérieurement, et joignant la nervure costale en s'arrondissant au-dessus de la tache réniforme. Celle-ci grande, brune, bordée de noir extérieurement, et de blanc intérieurement. Orbiculaire étroite, allongée horizontalement, bordée de blanc, et touchant presque la réniforme, dont elle n'est séparée que par deux petites taches noires subtriangulaires. Claviforme grande, d'un bistre foncé et cerclée de noir. On voit en outre une série de traits sagittés, noirs, appuyés sur la subterminale qui est d'un blanc-jaunâtre et ondulée. Base de l'aile avec deux petits points noirs. Frange moitié rousse et moitié blanchâtre, précédée d'une ligne de petites lunules noires. Ailes inférieures et frange blanches. Antennes pectinées dans toute leur longueur —

♀ beaucoup plus grande, d'un ton plus foncé, sans nervures blanches, avec tout les dessins moins marqués, et les antennes filiformes.

La chenille vit de racines, et cause dit-on de notables dommages dans les contrées qu'elle habite, surtout lorsqu'elle attaque les vignes. Elle paraît néanmoins préférer les racines de la Camphrée de Montpellier (*Camphorosma Monspeliaca*). L'insecte parfait se trouve en Provence et en Languedoc à la fin de l'été.

CRASSA, Hb., God.

38 à 40^m. Cette espèce a quelque rapport avec l'*Obesa*; ses ailes supérieures sont d'un gris-brunâtre, avec les deux lignes médianes d'un brun-noir, ondulées et bordées de gris-jaunâtre intérieurement et extérieurement. L'extrabasilaire faisant un angle rentrant très-prononcé entre la nervure sous-médiane et le bord interne. La coudée formée par une série de petits croissants noirs. Ces deux lignes quelquefois maculaires et peu prononcées. La subterminale dentée en scie surtout vers sa partie inférieure, et bordée de plus clair extérieurement. Contre cette ligne viennent s'appuyer une série de taches sagittées noirâtres. Taches ordinaires d'un brun plus foncé que le fond, et bordées de noir. Frange concolore précédée d'une ligne de petits points noirs. Antennes longues et pectinées. Ailes inférieures blanches. — ♀ beaucoup plus grande, plus épaisse, plus brune, avec tous les dessins mieux marqués, les ailes inférieures blanches à leur base, et brunes dans le reste de l'aile avec la frange blanche. Antennes filiformes.

Tritici, Hb., est un mâle plus petit, plus pâle, avec les traits sagittés nuls ou presque nuls.

B. Guénée, est une femelle à ailes supérieures d'un brun-noir intense, qui absorbe presque tous les dessins, sauf les lignes médianes.

La chenille vit en avril de racines de plantes basses et de graminées, cependant M. Goosens l'a trouvée plusieurs fois en plein soleil et mangeant pendant le jour. Le papillon vole au crépuscule sur les luzernes, en juillet, août et septembre. Il se trouve un peu partout, mais n'est pas commun.

FATIDICA, Hb.

40^m. Ailes supérieures d'un gris-brun clair, avec les nervures bordées de blanchâtre. Lignes médianes peu marquées et seulement sur le disque: la subterminale presque nulle est précédée d'une série de taches sagittées, noires, aiguës. Taches ordinaires bien marquées. bordées de noir et séparées par une tache d'un brun-noir. Claviforme très-nette, longue, évidée et suivie d'un trait noir. Ailes inférieures d'un cendré-roussâtre clair, avec une grosse lunule cellulaire noirâtre en-dessous. Antennes pectinées.

La femelle décrite par M. Her. Schæffer sous le nom d'*Incurva*, et figurée par M. Bellier A. S. E. 1859, offre une anomalie singulière dans les noctuelles. Elle a 30^m, ses ailes supérieures sont courtes. arrondies au bord externe, et offrent tous les signes d'un avortement. Elles sont d'un brun-foncé, plus clair au bord terminal, et séparées en deux par une ligne longitudinale noire.

au-dessus de cette ligne se voient les taches ordinaires, vagues et se détachant en clair, et au-dessous plusieurs traits noirs. Les ailes inférieures sont roussâtres à leur base et brunâtres au bord externe. Chenille inconnue. Papillon en juillet. Larche (Basses-Alpes). Rare.

La femelle décrite par M. Guénée, *Sp. gen.* n'est pas celle de cette espèce.

VESTIGIALIS, Hufn., *Valligera*, S.V., *Signata*, Bdv.-Ico.

35ᵐ. Ailes supérieures d'un gris-roussâtre clair, avec la côte brune, et la nervure médiane blanchâtre depuis la base jusqu'à la tache réniforme. Lignes ordinaires blanchâtres, ondulées, plus ou moins bien marquées. Tache réniforme grande, ayant son milieu et sa bordure d'un brun-noirâtre. Orbiculaire assez petite, ronde, cerclée de noirâtre avec un point dans son milieu. Claviforme, grande, allongée, épaisse, brune et bordée de noir. La ligne subterminale est précédée d'une série de traits sagittés, noirs, allongés et très-aigus. Une seconde série de ces mêmes traits vient s'appuyer sur le bord terminal. La côte est décorée de trois taches blanchâtres, suivies de petits traits virgulaires de la même couleur. Collier brunâtre; thorax et abdomen d'un gris-blanchâtre. Ailes inférieures d'un blanc sale, avec une lunule centrale, une raie transverse et le bord postérieur obscurs. Antennes pectinées. — ♀ plus foncée et ailes inférieures plus obscures.

Chenille dans les lieux arides et sablonneux, au pied des chardons. Godart l'a trouvée sur le *tithymale à feuille de cyprès*. Le papillon éclôt en août et septembre, il vole en plein jour, surtout quand il est dérangé, car il aime à se cacher dans les touffes de serpolet et autres plantes basses. Il n'est pas répandu partout, mais n'est pas très-rare aux environs de Paris et à Fontainebleau.

Ab. *Trigonalis*, Esp.

Plus petite, d'un gris-blanc, avec la tache claviforme courte et grosse, et le bord terminal foncé.

Graslinii, Rmb.

42ᵐ. Ailes supérieures étroites, un peu creusées à la côte, un peu prolongées à l'angle apical, d'un gris-testacé jaunâtre mêlé de blanc-cendré à la côte, à l'angle apical et dans la cellule. Ligne coudée à peine marquée et souvent remplacée par des points. Extrabasilaire oblitérée. Subterminale figurée par des taches brunes sagittées. Tache réniforme comblée de gris-noir, avec le bord interne blanc. Orbiculaire blanche, petite, pyriforme, pupillée de gris; ces deux taches séparées par une nuance brune. Claviforme oblongue, brune, pleine. Un rang de lunules terminales noires bien marquées. Ailes inférieures d'un blanc-mat, à frange concolore. — ♀ semblable.

Découvert dans le département de la Vendée, au bord de l'Océan, en septembre, par M. de Graslin.

Puta, Hb., *Renitens*, Hb., *Lignosa*, God.

30ᵐ. Ailes supérieures étroites, grises, avec le bord terminal brunâtre ou roussâtre et les lignes médianes noires, ondulées, souvent complètement oblitérées. Tache réniforme brune. Orbiculaire petite et souvent nulle. Ligne basilaire noire ainsi que la base de la côte. Corps gris avec un collier bleuâtre bordé en arrière par une ligne noire. Antennes médiocrement pectinées. Ailes inférieures blanches. — ♀ d'un gris-brunâtre avec l'espace médian d'un gris-cendré surtout vers la côte.

Selon M. Trimoulet la chenille vit en mai et septembre sur les graminées aux bords des marais et des rivières. Le papillon a deux générations par an, car il se trouve en avril et mai, puis en août, septembre et octobre. Peu répandu, mais pas rare.

SUFFUSA, S.V., God., *Ypsilon*, Hufn.

45ᵐ. Ailes supérieures allongées, d'un gris-testacé plus ou moins clair mais toujours plus foncé vers la côte, avec l'espace subterminal et l'espace basilaire d'un gris-cendré, mais seulement vers le bord externe, Lignes médianes géminées, noires; l'extrabasilaire formant un angle rentrant entre la sous-médiane et le bord externe; la coudée presque droite et festonnée. Subterminale précédée de plusieurs traits sagittés, noirs, aigus, dont deux très-prononcés. Tache réniforme peu marquée, mais suivie *d'un trait sagitté noir, s'étendant depuis cette tache jusqu'à la coudée*. Ce trait est caractéristique de cette espèce. Tache orbiculaire petite, souvent pyriforme. Claviforme petite, brune, évidée. On voit en outre sur la partie claire, entre la coudée et la subterminale, une série de petits points noirs. Ailes inférieures d'un blanc sale avec l'extrémité des nervures et le bord postérieur plus obscurs. Frange blanchâtre. Antennes longues, pectinées dans leur première moitié, et presque filiformes vers leur extrémité. — ♀ semblable pour le dessin, mais plus foncée, quelquefois d'un brun-noir jusqu'à la coudée, et d'un roux-ferrugineux dans l'espace subterminal. Ailes inférieures plus obscures.

Chenille au printemps dans les bois et les jardins sur le Laitron des champs (*Sonchus arvensis*) et différentes plantes basses. Papillon en juillet, août et septembre, sous les pierres, dans les fentes des écorces etc., et le soir à la miellée. Plus ou moins commun partout selon les années.

Groupe II.

SAUCIA, Hb., God.

45^m. Ailes supérieures d'un brun-rouge foncé, avec la côte d'un ferrugineux-lie-de-vin et la base du bord interne d'un gris-cendré. Lignes ordinaires brunes, géminées, ondulées et ordinairement peu marquées. Taches noirâtres; réniforme ayant son pourtour piqueté de gris; claviforme plus ou moins indiquée. Ailes inférieures d'un gris-violâtre, avec les nervures noirâtres et le bord terminal obscur. — ♀ semblable.

La chenille vit de racines de graminées, et se trouve communément, selon M. Guénée sous les *andains* de luzernes et de trèfles, surtout à la seconde ponte. Le papillon éclôt en juin, juillet, août et septembre; il est assez commun dans une grande partie de la France.

AB. *Margaritosa*, Haw., *Æqua*, Hb., God., Gn.

Diffère du type par ses ailes supérieures qui sont

8

d'un gris de bois à la côte et au bord terminal ; la ligne subterminale et les taches sont mieux écrites en clair, et les points costeaux sont mieux marqués. Ailes inférieures comme le type. Mêmes localités et pas plus rare.

L'*Agrotis Saucia* varie beaucoup pour la taille et l'intensité de la couleur.

Agricola, Bdv., Dup.

42 à 50^m. Très-variable pour la taille et pour le fond de la couleur qui est d'un gris plus ou moins rougeâtre ou jaunâtre. Lignes médianes géminées, dentées, d'un brun-noirâtre, plus ou moins bien écrites, surtout la coudée. Ligne subterminale d'un gris-clair, anguleuse, ombrée de brun-noirâtre. Taches ordinaires assez grandes, d'un gris plus clair que le fond, finement bordées de noirâtre et séparées par l'ombre médiane qui est brune et descend jusqu'au bord interne. La réniforme est, en outre, marquée de brun dans sa partie inférieure, et l'orbiculaire est ovale et placée obliquement. Côte ornée de plusieurs taches noires, et de trois ou quatre points d'un gris-clair vers l'angle apical. Frange de la couleur du fond, unie et précédée d'une série de petites lunules noires. Antennes ciliées. Ailes inférieures d'un roussâtre pâle, plus foncé vers le bord postérieur, avec les nervures brunes et la frange blanchâtre. — ♀ d'un gris-rougeâtre plus foncé, avec les ailes inférieures lavées de noirâtre, et les antennes filiformes.

Cette espèce dont la chenille est inconnue, n'est pas

rare dans les Pyrénées et en Auvergne au Mont-Dore, où nous l'avons prise plusieurs fois ; elle se tient pendant le jour sous les pierres. Elle a été trouvée aussi, mais rarement, dans l'Indre, *Maurice Sand* et dans la Gironde, *Trimoulet ;* en juillet et août.

Groupe III.

CLAVIS, Hufn., *Segetum*, S.V., God., Gn.

40 à 42^m. Très-variable pour la couleur des ailes supérieures qui sont d'un gris-roussâtre plus ou moins foncé, et légèrement réticulé de brun. Lignes médianes obscures, doubles ; l'extrabasilaire ondulée, toujours mieux écrite que la coudée, qui n'est souvent indiquée que par des points. Subterminale sinuée, claire, précédée d'une série de plusieurs taches cunéiformes noirâtres, et suivie d'un espace noirâtre. Tache réniforme grande, obscure, bordée de noir ; orbiculaire écrite en noir, et pupillée de même couleur. Claviforme petite, évidée. Frange de la couleur des ailes et précédée d'une série de petites taches noires. Antennes pectinées jusqu'à la moitié et ensuite filiformes. Ailes inférieures blanches, avec une ligne terminale noirâtre. — ♀ un peu plus grande, beaucoup plus foncée, quelquefois d'un noir intense, ailes inférieures plus brunes avec les nervures plus tranchées. Frange quelquefois roussâtre. Antennes filiformes.

La chenille vit en juillet et août dans les champs et les jardins, aux dépens de presque toutes les plantes, aux pieds desquelles elle se tient cachée. Le papillon est commun partout en mai, juin, juillet et septembre.

Corticea, S. V., God.

38^m. Ailes supérieures variant du gris-brun au gris-jaunâtre, avec la côte et le bord terminal ordinairement un peu plus foncés. Lignes noirâtres, géminées, souvent peu distinctes. Taches ordinaires noirâtres, l'orbiculaire figurée par un cercle souvent pupillé; claviforme assez petite, évidée ou entièrement noire. Ailes inférieures d'un gris-brunâtre avec le bord terminal plus foncé. Collier de la couleur des supérieures, avec une double ligne noire. Ptérygodes d'un blanc-grisâtre, surtout à leur partie antérieure. Antennes pectinées et finissant en pointe à leur extrémité. — ♀ semblable, mais avec les ailes inférieures toujours plus sombres et les antennes filiformes.

Chenille peu connue. Papillon en juin et juillet. Environ de Paris, de Besançon, Basses-Alpes, Pyrénées-Orientales, Indre, Gironde, Auvergne. Pas très-commun.

Cette espèce ressemble beaucoup à la précédente, mais on l'en distinguera facilement par la couleur des ailes inférieures du mâle, qui est toujours plus sombre.

Trux, Hb., Bdv.-Ico. *Lenticulosa*. Dup.

40 à 43^m. Ailes supérieures d'un gris-cendré, fortement saupoudré de brun-ferrugineux, avec l'espace terminal bordé par une bande brune, dentée extérieurement et n'atteignant ni l'angle apical, ni l'angle interne. Les trois premières lignes brunes, géminées, la coudée souvent indiquée par des points. La subter-

minale claire, traversant l'espace terminal brun. Tache réniforme brune, bordée de gris-clair intérieurement. Orbiculaire ronde, grisâtre, bordée et pupillée de brun. Claviforme évidée, mais souvent remplie de noir. On remarque encore, à l'angle apical, une tache d'un gris-clair, suivie d'une autre tache triangulaire brune, et le long de la côte des points noirs doubles, formant l'extrémité des lignes. Antennes longues, très-faiblement pectinées. Ailes inférieures d'un blanc légèrement bleuâtre, avec une petite teinte rougeâtre au bord abdominal. — ♀ avec le même dessin, mais ailes supérieures d'un brun-bistré très-pointillé de noir, avec une éclaircie grisâtre après la tache réniforme. Orbiculaire souvent blanche et non pupillée. Ailes inférieures, lavées de brunâtre vers le bord terminal. Antennes filiformes.

Chenille au printemps dans les lieux arides; se nourrit des racines et des feuilles caulinaires de presque toutes les plantes basses. Papillon en mai, juin, août et septembre; il se trouve principalement dans les Alpes et les Pyrénées; Auvergne, Gironde, *Trimoulet:* Charente, *Delamain;* Indre, *Maurice Sand;* Alsace, *De Peyerimhoff.* Il est assez rare dans ces dernières localités.

Ab. A, *Terranea*, Frey.

D'un gris-rougeâtre uni, avec les deux taches plus foncées et les lignes à peine distinctes.

Ab. B, Ailes à fond d'un gris-blond ou verdâtre, peu saupoudré, à dessins en partie oblitérés, à ailes inférieures d'un blanc presque pur dans le mâle.

8.

AB. C, Ailes à fond rouge de brique, absorbant presque tous les dessins. Lignes se détachant un peu en clair. Bord terminal et tache réniforme un peu bruns ou ardoisés.

Toutes ces variétés et beaucoup d'autres intermédiaires se trouvent avec le type.

EXCLAMATIONIS, Lin., God.

37ᵐ. Ailes supérieures d'un gris plus ou moins foncé, ou d'un gris-roussâtre, avec la côte et l'extrémité de l'aile toujours un peu plus foncés. Lignes médianes peu marquées ; subterminale ondulée se détachant en clair. Tache réniforme grande, brune ; orbiculaire ronde de la couleur du fond, cerclée et pupillée de brun. Claviforme allongée, *toujours d'un noir profond*. Ailes inférieures blanches. — ♀ un peu plus grande, plus brune, avec les lignes géminées et mieux écrites, ainsi que les taches. Ailes inférieures d'un gris-bleuâtre avec l'extrémité plus obscure et la frange blanche.

Les antennes sont faiblement pectinées chez le mâle et filiformes chez la femelle.

Chenille en août au pied de toutes les plantes basses. Papillon en juin et juillet. Très-commun partout.

Cette espèce varie beaucoup pour la taille et pour la couleur ; mais sa tache claviforme la fera toujours distinguer facilement de ses congénères.

Cos, Hb., Dup., Bdv.-Ico., *Tephra*, Gn.

37ᵐ. Ailes supérieures grises, saupoudrées d'atomes noirâtres, avec une tache plus claire à l'angle apical. Lignes médianes brunes, géminées, bien marquées à

la côte par des points noirs. Subterminale peu prononcée, et formée d'une bande vague d'atômes bruns.
Taches ordinaires de la couleur du fond et finement
cerclées de noir. Ailes inférieures d'un gris-clair avec
l'extrémité plus obscure. — ♀ semblable.

Cette espèce dont la chenille n'est pas connue se
trouve dans les Alpes, les Pyrénées, l'Ardèche, *Millière*;
et aussi, dit-on, dans le midi de la France en août.
Toujours rare.

AB. *Tephra*, Bdv., *Cos*, Gn.

D'un gris un peu verdâtre, pâle, avec les lignes et
les taches presque entièrement oblitérées. Mêmes localités.

MILLIERI, Staud.

Taille et port de *Cos*, dont elle n'est peut-être qu'une
variété. Ailes supérieures d'un cendré-jaunâtre-pâle,
terne, avec les lignes et les taches peu marquées. Extrabasilaire dentée, géminée, droite ; coudée arrondie au
sommet et suivie d'un série de points gris ; subterminale à peine indiquée par quelques atômes gris et terminée à la côte par une tache triangulaire plus foncée.
Tache réniforme concolore, finement bordée de brun;
orbiculaire nulle. Ombre médiane formée par quelques
atômes gris. Thorax et abdomen de la couleur des
ailes supérieures. Ailes inférieures d'un blanc sale, légèrement roussâtre au bord terminal.

Nous décrivons cette espèce d'après un individu ♀
qui nous est communiqué par M. Fallou. Ardèche en
septembre.

Groupe IV.

CINEREA, S. V., God. Dup.

35ᵐ. Varie assez pour la couleur, qui est tantôt d'un testacé foncé, tantôt blanchâtre, tantôt teinté de rougeâtre. Lignes médianes dentelées, brunes, ainsi que la subterminale qui est en outre, ombrée de foncé intérieurement. Tache réniforme très-petite, peu visible, précédée d'une ombre médiane plus ou moins prononcée selon les individus. Demi-ligne assez visible. Frange d'un brun-roussâtre. Antennes faiblement pectinées. Ailes inférieures d'un gris-blanchâtre, lavées de brun au bord terminal, avec un point cellulaire noirâtre.

♀ d'un gris-noirâtre avec les lignes et les bandes moins visibles.

Chenille sous les plantes basses. Papillon en avril, mai, juin et juillet. Environs de Paris, *Goosens;* dans les endroits arides, dans les herbes et sous les feuilles. Auvergne, vole en plein jour dans les hautes prairies. Doubs, *Bruand;* Alsace, *de Peyerimhoff;* Indre, *Maurice Sand;* Saône-et-Loire, *Constant;* Lozère, Basses-Alpes, etc. Peu commun.

SIMPLONIA, Hb., Bdv.-Ico., Dup.

36ᵐ. Cette espèce ne diffère guère que par la couleur de la *Cinerea.* Ses ailes supérieures sont d'un gris-cendré, avec les deux lignes médianes noirâtres, ondulées et assez bien marquées. La subterminale vaguement indiquée, souvent presque nulle. Tache réniforme.

étroite, un peu étranglée, noirâtre. Orbiculaire et claviforme nulles. Ailes inférieures d'un gris un peu roussâtre ; frange blanchâtre. — ♀ semblable.

Chenille inconnue. Papillon en juillet. Pyrénées, Basses-Alpes, Larche. Le soir à la lanterne, peu commun.

RIPÆ, Hb., *Desillii*, Pierret.

36ᵐ. Ailes supérieures d'un fauve-roussâtre, avec la côte et les nervures blanches. Lignes ordinaires ondulées, blanchâtres, plus ou moins bordées de brun ; la subterminale dentelée. Taches petites, blanchâtres, bordées de brun, et tachées de roux intérieurement. Claviforme assez allongée, brune. Quelques points bruns à la côte vers sa base, et un point blanc à la base de l'aile, sur la ligne basilaire qui est d'un brun-roux. Thorax roussâtre, avec le collier et les ptérygodes blanchâtres. Ailes inférieures blanches chez le mâle, brunâtres chez la femelle.

Littoral de la Manche en juillet. Belle espèce toujours rare.

CURSORIA, Hufn., Bdv.-Ico., *Mixta*, F., Dup.

35ᵐ. Très-variable. Ailes supérieures d'un gris-brunâtre, ou d'un gris-blond, avec la côte et le bord terminal plus foncés. Ligne extrabasilaire géminée. dentée, mais presque droite. Coudée bordée extérieurement d'une série de petits points placés sur les nervures ; cette ligne faisant une courbe très-prononcée devant la tache réniforme. Subterminale très-ondulée. Toutes ces lignes bien marquées à la côte par deux taches noirâtres. Taches ordinaires de la couleur du fond, ou un peu plus foncées, bordées de jaunâtre. La réniforme ayant une tache noirâtre à sa partie inférieure. L'intervalle qui sépare ces deux taches est d'un brun-ferrugineux. Ailes inférieures d'un blanc sale à la base, avec le bord terminal plus obscur et une petite lunule centrale brune. — ♀ avec les ailes inférieures plus obscures.

Chez quelques individus d'un blond-pâle, les lignes et les taches sont presque complètement oblitérées.

Chenille et papillon sous les plantes du littoral de la Manche et de l'Océan, en juillet. Pas rare.

Groupe V.

Nigricans, L., *Fumosa*, S.V., God., *Fuliginea*, Dup.

37ᵐ. Ailes supérieures d'un brun-foncé, souvent noirâtre, avec les lignes noires, ondulées, la subterminale souvent accompagnée de petits points jaunâtres. Taches ordinaires de la couleur du fond, bordées de noir; la réniforme éclairée de blanc-jaunâtre extérieurement. Claviforme évidée. Ailes inférieures blanchâtres avec une lunule centrale et le bord terminal noirâtre. — ♀ avec les ailes inférieures plus obscures.

Chenille au printemps sous les plantes basses. Papillon dans presque toute la France en juin, juillet et août. Peu commun.

Ab. *Rubricans*, Esp.

D'un gris-brun rougeâtre, souvent très-saupoudré

de jaunâtre, avec les atomes de la subterminale et les taches ordinaires bien jaunâtres. Avec le type. Cette espèce varie beaucoup, et on trouve tous les passages depuis le noir, jusqu'au gris-rougeâtre.

TRITICI, L., Bdv.-Ico., God.

34ᵐ. Ailes supérieures *étroites*, d'un brun-cendré, ou d'un brun-roussâtre, lignes médianes géminées, noirâtres, subterminale se dessinant en clair, ondulée, et précédée de plusieurs traits sagittés-bruns, aigus. Ces lignes et ces traits souvent complètement oblitérés. Taches ordinaires, petites, bordées de noirâtre avec leur milieu obscur. Claviforme évidée. Ailes inférieures blanchâtres avec le bord marginal obscur.

Chenille au printemps principalement dans les racines des graminées. Papillon en juin, juillet et septembre. Ouest de la France, environs de Paris, Auvergne, Alsace, départements de l'Indre, de la Gironde, de Saône-et-Loire, etc., pas très-commun partout.

Ab. A., Guénée.

Ailes supérieures plus noirâtres, nullement roussâtres, avec les lignes et les taches presque concolores et tranchant peu sur le fond. Ailes inférieures beaucoup plus obscures et seulement un peu plus claires sur le disque. Indre, *Maurice Sand.*

Ab. B., Guénée.

Ailes supérieures très-saupoudrées de blanc, surtout à la côte, sur les taches et sur l'espace subterminal, avec l'espace terminal très-foncé. Ailes inférieures presque blanches, même dans la femelle, avec une bordure noirâtre assez tranchée et divisée dans sa moitié interne par un filet blanc. Ouest de la France, *Guénée.*

Aquilina, S. V., God.

Très-voisine et très-difficile à distinguer de la précédente. Ailes supérieures *plus larges*, d'un blond-clair mêlé de brun. Tache réniforme plus grande, bien marquée ainsi que les traits sagittés. Ailes inférieures d'un blanc sale, avec un liseré brun et une bordure terne dans les mâles.

Chenille en avril sur la chicorée sauvage (*Cichorium intibus*). Papillon en juillet et août, sur les troncs des arbres des routes et à la miellée. Assez commun partout.

Ab. *Fictilis,* Hb.

Variété insignifiante, qui ne diffère du type que parce que les taches sont fortement séparées, précédées et suivies par du noir.

Ab. *Unicolor,* Hb.

Toutes les lignes ont disparu, et il ne reste sur un fond d'un blond-jaunâtre clair, que le contour des taches marqué en noir. Ailes inférieures du mâle d'un blanc sans tache. *Guénée.*

Ab. *Villa,* Esp.

Ailes supérieures noirâtres, avec les taches, la côte et la nervure médiane, d'un blanc-grisâtre très-tranché et que relèvent encore le noir qui sépare les taches et celui de la claviforme. *Guénée.*

Toutes ces ab. se rencontrent plus ou moins fréquemment, et dans les mêmes localités que le type.

M. Staudinger (*Cat. lépid. d'Europe*) considère l'Aquilina et ses ab. comme n'étant que des ab. de Tritici ; nous pensons qu'il pourrait bien avoir raison.

Recussa., Hb., Dup., *Telifera*, Donzel.

35^m. Ailes supérieures d'un gris-brun, avec la côte, l'espace subterminal, et les deux taches ordinaires grisâtres ; ces deux taches reposant sur un espace d'un brun-noir. Claviforme d'un brun-foncé. Lignes médianes géminées ; l'extrabasilaire trois fois coudée ; la coudée légèrement dentée, très-arrondie antérieurement ; la subterminale ondulée, précédée d'une série de petits traits sagittés bruns. Frange de la couleur du fond. Ailes inférieures d'un blanc-roussâtre, avec le bord terminal brunâtre. — ♀ semblable, mais d'une teinte plus foncée, tant sur les ailes supérieures que sur les inférieures.

Cette espèce dont la chenille est inconnue, habite les Pyrénées et les Alpes à une assez grande hauteur ; nous l'avons prise plusieurs fois, le soir à la lanterne, à Larche, Basses-Alpes, en juillet.

Obelisca, S.V., God.

37^m. Voici encore une espèce très-difficile à distinguer de certaines variétés des espèces voisines. Ailes supérieures d'un gris-rougeâtre ou violâtre, *avec la côte et les taches d'un ocracé-clair ;* ces taches se fondant souvent par en haut avec la côte. Claviforme noire, courte, épaisse. Espace terminal d'un gris-foncé, ordinairement sans traits sagittés. Ailes inférieures un peu bleuâtres avec la frange concolore et une légère ombre terminale.

Anus teinté de rougeâtre. — ♀ avec les ailes inférieures plus obscures.

Chenille en avril, vit en terre de racines de graminées, quelquefois avec celle d'*Aquilina*. Papillon en juin, juillet, août et septembre, dans une grande partie de la France, mais plus ou moins communément selon les localités.

Ab. *Hastifera*, Donzel.

D'un noir-vineux, avec la côte très-détachée en blanc; l'orbiculaire grise, et la réniforme ordinairement teintée de jaune supérieurement.

Contrées montagneuses, Indre, *Maurice Sand*.

Ab., *Ruris*, Hb., God.

Plus grande. Ailes supérieures d'un gris-rougeâtre clair, à côte concolore, avec les taches cendrées, plus grandes; la claviforme presque nulle. Ailes inférieures plus blanches. Département de l'Indre, *Maurice Sand*, rare. Auvergne, *Guillemot*; Gironde, *Trimoulet*.

Ab., *Villiersii*, Gn.

Plus grande que le type. Ailes supérieures plus oblongues et plus carrées, d'un gris-cendré-jaunâtre clair, avec l'espace terminal à peine plus foncé; la côte et les taches moins tranchées, finement cerclées de noir. Claviforme plus oblongue. Antennes longues, fortement ciliées jusqu'à moitié, puis finissant en pointe effilée. *Guenée*.

France centrale en juillet et août. Saône-et-Loire, *Constant*; Indre, *Maurice Sand*. Assez rare.

Lidia, Cramer, H.S., Bdv.-Ico.

Dans le species général des lépidoptères, M. Guenée indique cette espèce avec un ? comme de la France méridionale, d'après un individu de la collection de M. le docteur Boisduval ; nous pensons qu'il n'y a aucune certitude à cet égard ; l'individu figuré par M. Boisduval (*Icones*, pl. 77, fig. 1) n'appartient certainement pas à cette espèce, mais plutôt à une variété d'*Aquilina*. L'*Agrotis Lidia* habite le nord de l'Allemagne.

Groupe VI.

Agathina, Dup.

34^m. Ailes supérieures d'un brun-rouge avec la côte d'un gris un peu rosé, surtout vers la base de l'aile. Lignes médianes grises, ondulées, ordinairement peu marquées. Subterminale formée par de petites taches d'un gris-jaunâtre, dont celle près de l'angle interne, a la forme d'un petit chevron. Contre ces taches, viennent s'appuyer intérieurement, une série de traits sagittés noirs. Taches ordinaires grises ; la réniforme rougeâtre dans son milieu, avec un point noirâtre à sa base. Orbiculaire placée obliquement, se réunissant à la bande grise de la côte. L'espace entre ces deux taches est noir ou d'un brun foncé. La claviforme est, en outre, suivie extérieurement d'une ligne noire qui s'étend jusqu'à la coudée. Ligne basilaire noire. Ailes inférieures grises avec la frange plus pâle. — ♀ semblable.

La chenille éclôt à la fin de l'automne ; elle passe l'hiver très-petite, et on commence à la trouver en février et au commencement de mars, assez communément en fauchant sur les bruyères. A cette époque elle est verte, avec des bandes longitudinales, larges, blanches, et vit à découvert sur les tiges de la plante. Plus tard elle devient brune avec les mêmes lignes blanches, puis rougeâtre à sa dernière mue. Elle est alors aussi rare qu'elle était commune en mars ; parce qu'elle se cache pendant le jour, et ne sort de sa retraite que la nuit pour prendre sa nourriture. C'est à cette époque de son existence (c'est-à-dire en mai) qu'il faut la chercher si on veut l'élever avec succès, car autrement il est impossible de réussir ; du moins en captivité.

Elle n'est pas rare à Fontainebleau sur les bruyères vulgaire et cendrée (*Calluna vulgaris, Erica cinerea*), M. Millière l'a trouvée à Cannes, sur l'*Erica scoparia*, et M. de Graslin dans les Pyrénées, sur l'*Erica arborea*. Le papillon n'est pas rare le soir à la miellée, dans le centre et le midi de la France, et probablement aussi dans tous les lieux ou croissent les bruyères. Paris, Fontainebleau, Saône-et-Loire en août et septembre, Indre, *Maurice Sand* en juin.

Ab., *Scopariæ*, Millière-Ico.

Un peu plus petite que le type. En diffère : par le ton général très-sombre, presque noir ; par la réduction des taches ordinaires ; par l'absence complète de la ligne transversale des ailes inférieures, laquelle cependant est bien écrite en dessous.

La chenille a été trouvée abondamment à Cannes, par M. Millière, uniquement sur l'*Erica scoparia*, dont elle dévore les fleurs. Papillon en juin.

Ericæ, Bdv., *Molothina*, Gn.

35^m. Ailes supérieures d'un gris-brun plus ou moins foncé, avec la base de la côte et les deux taches ordinaires d'un blanc-cendré; ces taches, grandes, rapprochées, finement cerclées de noir et liées par un trait noir. Claviforme oblongue, bordée de noir et réunie à la base de l'aile, par une petite ligne basilaire noire. Lignes plus ou moins distinctes, plus claires. Points costaux et traits virgulaires d'un blanc-rosé. Ailes inférieures blanchâtres sur le disque, avec une bordure et les nervures grises, fondues. — ♀ semblable.

Chenille inconnue. Papillon en juin, à la miellée. France centrale, Charente, Indre, Landes, Paris, Fontainebleau dans les lieux plantés de bruyères. Pas très-commun.

Nous avons conservé à cette espèce le nom que lui a imposé M. le docteur Boisduval, car nous pensons que la *Molothina*, d'Engramelle, ne se rapporte pas à cette espèce, mais plutôt à une variété d'*Aquilina* ou d'*Obelisca*.

Var. *Occidentalis*, Bellier.

Ailes supérieures d'un noir assez intense avec la base de la côte d'un gris plus ou moins rosé. Lignes et taches absorbées par la couleur du fond. Ailes inférieures salies de brun, et beaucoup plus obscures chez la femelle que chez le mâle.

Ouest de la France, départements des Landes et de la Gironde en mai.

Porphyrea, S.V., Dup.

30^m. Ailes supérieures d'un rouge de porphyre, avec toutes les lignes et les deux taches ordinaires blanches. Les deux lignes médianes bordées de noir ; l'extrabasilaire formant deux angles très-aigus ; la coudée arquée et ondulée ; ces deux lignes se joignant au bord interne. La subterminale formée par de petites taches blanches, un peu allongées intérieurement. Tache orbiculaire réduite à un point blanc. Claviforme évidée. Frange de la couleur du fond, précédée par une série de petits points oblongs, blancs. Ailes inférieures grises, lavées de rougeâtre à leur extrémité. — ♀ semblable.

La chenille vit sur différentes espèces de bruyères ; elle naît pendant l'été, passe l'hiver, et reparaît dès les premiers jours du printemps. Elle est souvent très-commune en septembre et octobre, mais nous n'avons jamais réussi à lui faire passer l'hiver en captivité. C'est en mai qu'il faut la chercher quand on veut l'élever avec quelque espérance de succès, car elle réussit difficilement, mais à cette époque elle est aussi rare, qu'elle était commune en automne. Sa métamorphose a lieu en mai et juin et le papillon éclôt en juin, juillet et août. Il vole souvent en plein jour sur les bruyères, et n'est pas rare dans une grande partie de la France.

Erythrina, Ramb., Gn.

32^m. Ailes supérieures arrondies à l'angle apical, d'un brun-porphyre foncé, avec des atomes blancs indiquant la place des lignes ordinaires, qui ne sont bien

marquées que vers le bord interne. La coudée suivie
d'une série de petits points blancs placés sur les nervures ; le tout peu distinct. Côte marquée à l'origine
des lignes de quatre gros points blancs ombrés de noir.
Taches ordinaires nulles. Ailes inférieures grisâtres,
un peu plus claires au centre. — ♀ semblable.

Chenille inconnue. Papillon en juin, à la miellée.
France centrale, Gironde, *Trimoulet ;* Indre, *Maurice
Sand ;* Landes, etc. Toujours assez rare.

Groupe VII.

Præcox, L., *Præceps*, Dup.

40 à 45ᵐ. Ailes supérieures étroites, allongées, d'un
vert-clair, ou gris-verdâtre, avec une tache grisâtre à
l'angle apical. Lignes médianes blanchâtres, bordées
de noir ; l'extrabasilaire anguleuse ; la coudée ondulée ;
la subterminale ondée, blanchâtre, bordée de roux intérieurement, et de noir extérieurement. Taches ordinaires blanchâtres, tachées de roux dans leur milieu
ainsi que la claviforme. Trois traits virgulaires et trois
taches costales blancs, ces dernières ombrées de noir.
Ombre médiane brunâtre. On remarque, en outre, une
petite tache blanche à la base près du thorax, et une
autre également blanche dans l'espace basilaire. Frange
entrecoupée. Ailes inférieures d'un gris-roussâtre, avec
le bord terminal lavé de brun et une lunule centrale à
peine marquée. Antennes filiformes dans les deux sexes.
— ♀ semblable à ailes inférieures plus foncées.

La chenille de cette belle espèce vit de plantes basses, dans les endroits sablonneux, principalement au

bord de la mer. Le papillon éclôt en juillet et août. Il est très-commun sur le littoral de la Manche, mais on le trouve aussi, quoique plus rarement, dans d'autres parties de la France. Indre, *Maurice Sand ;* Auvergne, *Guillemot ;* Alsace, *de Peyerimhoff ;* Saône-et-Loire, *Constant ;* Pyrénées-Orientales, *de Graslin.* Nous l'avons pris dans la forêt de Fontainebleau. Il se tient caché pendant le jour dans le sable et sous les touffes d'herbes.

Groupe VIII.

Renigera, Hb., Gn., Dup., *Dumosa*, Donz., Dup.

40^m. Ailes supérieures aiguës à l'angle apical, d'un gris un peu bleuâtre, très-pulvérulent, avec tous les dessins à peine marqués et nébuleux. Lignes médianes noirâtres, ondées et sinuées ; la subterminale à peine indiquée par quelques atomes clairs. Un rang de points noirâtres, terminaux. Taches ordinaires très-vagues, assez grandes, teintées de blanc-jaunâtre et séparées par quelques atomes noirâtres ; la réniforme large, fondue aux extrémités ; la claviforme aussi très-vague et dont on ne voit que l'extrémité noirâtre, mais placée sur un trait d'un blanc-jaunâtre qui s'étend de la demi-ligne jusqu'à la coudée. Ailes inférieures noirâtres, à base plus claire, avec la frange d'un blanc-ocracé. — ♀ un peu plus grande, mais semblable. Chenille inconnue. Papillon en juillet et août. Basses-Alpes, Digne, Barcelonnette. Pyrénées-Orientales, le Vernet, Fontpédrouze, Montlouis, *de Graslin ;* Grenoble, *E. Martin.* Très-rare.

Groupe IX.

SIGNIFERA, S.V., God.

37^m. Ailes supérieures d'un gris légèrement rosé, avec les nervures brunes, et les lignes presque complètement oblitérées. Taches ordinaires un peu plus claires que le fond ; la réniforme séparée de l'orbiculaire, qui est pyriforme, par un trait brun ; la claviforme étroite, très-allongée, évidée, s'inclinant un peu vers le bord interne, et unie au thorax par un trait basilaire noir. Une ombre brune part de la réniforme, et s'étend jusqu'à la frange qui est entrecoupée et précédée d'une série de petites taches triangulaires noires, placées sur les nervures ; collier et ptérygodes bordés de noirâtre. Ailes inférieures blanches, un peu roussâtres au bord marginal. Frange blanche précédée d'une ligne de petits traits brunâtres. Antennes paraissant filiformes dans les deux sexes. — ♀ semblable pour les dessins, mais d'un gris très-foncé.

La chenille vit, selon Fabricius, sur la drave printanière (*Draba verna*) ou sur le raifort sauvage (*Cochlearia armoricia*). Le papillon se trouve en juillet ; il habite les montagnes alpines. Assez rare.

FORCIPULA, S.V., God.

37^m. Très-voisine de la précédente pour les dessins. Ailes supérieures d'un gris-cendré, avec les lignes plus foncées, mais ordinairement peu visibles. Subterminale formée de petites taches blanchâtres contre lesquelles viennent s'appuyer quelques traits sagittés noirs. Taches blanchâtres, salies de gris dans leur milieu et finement cerclées de noir. Claviforme étroite, allongée et unie au thorax par une ligne basilaire noirâtre, comme dans *signifera*. Ailes inférieures d'un blanc fuligineux avec les nervures et le bord terminal brunâtres. — ♀ semblable.

Papillon en juillet. Alpes de la France, Pyrénées-Orientales, montagnes du Jura. Peu commun.

CELSICOLA, Bellier.

37ᵐ. Ailes supérieures grises, nuancées de brun, avec de nombreuses taches noires, sagittées, à la place de la subterminale; côte plus claire; tache claviforme très-allongée; orbiculaire elliptique et joignant presque la réniforme, dont elle est séparée par du noir; réniforme, étranglée dans le milieu; d'un blanc très-vif, et salie de brun au centre. Frange double, épaisse, entrecoupée. Ailes inférieures brunes chez les deux sexes; éclairées sur le disque et vers l'angle anal; frange jaunâtre. — ♀ remarquable par l'oviducte très-saillant de son abdomen.

Cette espèce a été découverte par M. Bellier de la Chavignerie, en juillet, sur les pentes chaudes et pierreuses des montagnes arides. Elle vole pendant le jour. Larche, Basses-Alpes. (*Bellier* A. S. E. 1859.)

SAGITTIFERA, Hb., Bdv.-Ico., Dup.

42ᵐ. Ailes supérieures assez allongées, d'un blanc-cendré, un peu satiné, avec l'espace terminal légèrement bistré, et les lignes médianes grises, à peine indiquées. Ces deux lignes arquées, l'extrabasilaire du côté du thorax, et la coudée du côté du bord externe.

Taches ordinaires plus claires que le fond, petites et réunies par une tache ou par un simple trait noir. Trait basilaire noir, joignant l'extrabasilaire. Côte avec trois points noirs à l'origine des lignes. Ailes inférieures d'un blanc-nacré.

La chenille de cette espèce est inconnue. Le papillon paraît en juillet, et habite les montagnes du Valais. On nous assure cependant qu'il a été trouvé en Savoie. Rare. (La figure de Duponchel ne nous paraît reconnaissable ni pour la coupe d'aile, ni pour la couleur).

Groupe X.

SENNA, Hb., Bdv.-Ico., Dup.

38m. Ailes supérieures d'un brun-luisant, avec les lignes blanchâtres et bordées de noir. L'extrabasilaire décrivant trois angles, dont les deux inférieurs très-prononcés ; la coudée ondulée et très-arrondie à sa partie supérieure ; la subterminale dentelée, plutôt ombrée que bordée de brun. Taches ordinaires d'un gris-blanchâtre avec leur milieu sali de brun, et séparées par une tache noire. Côte avec des points gris ombrés de noir à l'origine des lignes. Ailes inférieures d'un brun-fuligineux avec la frange blanchâtre.

Antennes filiformes dans les deux sexes.

Chenille inconnue. Papillon en juillet et août. France méridionale, Alpes de la Savoie. Peu commun.

RAVIDA, S.V., God.

42m. Varie un peu pour la taille. Ailes supérieures d'un cendré-rougeâtre, luisant, surtout vers la côte.

Lignes médianes grises, ondulées et bordées de noir ; subterminale d'un gris-jaunâtre, plutôt maculaire que continue. Taches ordinaires grises, cerclées de noir, l'orbiculaire en ovale irrégulier. Ligne basilaire noire, fine, s'étendant jusqu'à l'extrabasilaire. Ailes inférieures d'un gris-blanchâtre avec les nervures, une petite lunule centrale, et le limbe un peu plus obscurs. Antennes filiformes dans les deux sexes. — ♀ semblable. Chenille vivant cachée sous les plantes basses. Papillon en juin et juillet, sous les pierres et les écorces, dans les lieux obscurs, derrière les volets des maisons, etc. Presque toute la France, mais plus ou moins commun, selon les localités.

SIMULANS, Hufn., *Pyrophila*, S.V., Dup., Bdv.

43ᵐ. Très-voisine de la précédente. Ailes supérieures d'un gris-cendré légèrement jaunâtre. Lignes assez bien marquées, noirâtres ; l'extrabasilaire géminée, anguleuse ; la coudée ondulée, suivie d'une série de petits points noirâtres, ce qui la fait paraître double ; la subterminale plus claire que le fond et bordée intérieurement d'une ligne de taches cunéiformes noires. Taches ordinaires indiquées seulement par leurs contours qui sont d'un jaunâtre-pâle. Frange précédée d'une série de points noirs. Ailes inférieures d'un gris-cendré uniforme avec la frange plus claire. Antennes filiformes dans les deux sexes.

La chenille et le papillon se trouvent aux mêmes époques et dans les mêmes localités que *Ravida*.

Lucipeta, S.V., God., Bdv.-Ico.

55^m. Ailes supérieures d'un gris-cendré, nuancé de gris plus obscur, avec les lignes et le pourtour des taches ordinaires d'un jaune-pâle et bordés de noirâtre. Extrabasilaire festonnée ; coudée très-arrondie supérieurement, maculaire et suivie d'une série de petits points de même couleur ; subterminale formée de taches, dont celles de la base un peu triangulaires. Taches grandes, bien indiquées par leur bordure jaune-pâle. Frange entrecoupée et précédée d'une ligne festonnée de même couleur que les autres lignes. Ailes inférieures d'un gris-roussâtre, sans aucune tache. —♀ semblable. Cette belle noctuelle a été rarement trouvée en France. Pyrénées-Orientales, Montlouis, *de Graslin ;* Haut-Rhin, la Vancelle, M. *l'abbé Fettig ;* Indre, *Maurice Sand ;* Ardèche, *Fallou ;* Saône-et-Loire, *Constant.* Juin et juillet.

Helvetina, Bdv., Dup., Bdv.-Ico.

46^m. Ailes supérieures d'un gris-cendré luisant et comme satiné, avec la base d'un gris plus clair et l'espace médian d'un gris plus foncé. Lignes médianes d'un gris-clair, ombrées de noirâtre intérieurement. Extrabasilaire courbe et légèrement ondulée ; coudée très-dentée, et s'écartant brusquement de l'extrabasilaire au-dessous de la tache réniforme, dont elle est alors peu éloignée. Taches ordinaires de forme régulière et finement bordées de gris-clair. Ailes inférieures d'un gris-plombé plus foncé au bord terminal. Frange des quatre ailes d'un gris-jaunâtre. Antennes roussâtres et filiformes. — ♀ semblable.

Chenille inconnue. Papillon en juillet et août; Alpes de la Savoie; Basses-Alpes, Larche, Digne. Toujours assez rare, surtout les beaux exemplaires.

BIRIVIA, S.V., Dup. VAR. *Honoratina*, Donzel.

41ᵐ. Ailes supérieures d'un gris-ardoisé, tirant sur le bleuâtre. Ligne extrabasilaire perpendiculaire, un peu dentée près de la côte; coudée flexueuse et dentée; subterminale ondulée. Toutes ces lignes sont blanchâtres. Taches ordinaires de la couleur du fond et bordées de blanc; l'orbiculaire petite; la réniforme pupillée de blanc. Frange grise. Ailes inférieures d'un blanc-roussâtre, avec leur moitié inférieure lavée de brun, et un point cellulaire aussi brun. Frange blanche.

Cette espèce a été découverte et décrite par M. Donzel, d'après une femelle. Les mâles offrent quelquefois une teinte plus claire, surtout dans l'espace médian.

Chenille inconnue. Papillon en juillet. Basses-Alpes, Larche, Digne. Très-rare.

GILVA, Donzel, Dup.

35ᵐ. Ailes supérieures d'un cendré très-clair, mêlé de blanchâtre sur la première moitié de l'aile, avec les trois lignes plus obscures, peu marquées, simples, ondulées; la subterminale légèrement éclairée de blanchâtre; l'origine des deux médianes formant des points noirâtres à la côte. Taches nulles; la réniforme remplacée par un groupe vague d'atomes noirâtres. Ailes inférieures d'un blanc un peu hyalin ; avec le bord terminal largement, mais légèrement lavé de cendré-clair. — ♀ semblable. Basses-Alpes, Digne ; en juillet. Très-rare.

DECORA, S.V., Bdv.-Ico., *Glacialis*, Dup.

36ᵐ. Ailes supérieures d'un gris-cendré saupoudré d'atomes jaunâtres, avec les deux lignes médianes noirâtres. L'extrabasilaire ondulée, éclairée de plus clair extérieurement ; la coudée dentée, très-arrondie et joignant la côte au-dessus de la tache réniforme ; la subterminale peu flexueuse et formée de taches d'un jaune-pâle. Taches ordinaires ocracées. Ailes inférieures grises avec la frange blanche. — ♀ semblable.

Cette espèce varie beaucoup pour la couleur ; on en trouve de gris-foncé avec les lignes presque noires, de cendrés-blanchâtres avec tous les dessins oblitérés. Ce sont ces derniers que M. Herrich-Schœffer a figurés sous le nom de *Nivalis*.

La chenille est peu connue. Le papillon habite les montagnes alpines ; Dauphiné, Pyrénées ; nous l'avons pris abondamment dans les Basses-Alpes, le soir à la lanterne butinant sur les fleurs de chardons, en juillet et août.

LUCERNEA, Lin., *Cataleuca*, Bdv., Dup.

40ᵐ. Ailes supérieures d'un gris-plombé luisant, depuis la base jusqu'à l'ombre médiane, et depuis la ligne subterminale jusqu'au bord terminal ; le reste de l'aile d'un gris plus foncé ; ce qui forme une large bande depuis le milieu de l'aile, jusqu'à la subterminale. Lignes médianes plus claires, bordées de noirâtre. L'extrabasilaire presque droite de la côte à la nervure médiane, et décrivant ensuite deux demi-cercles très en dehors. Coudée aussi presque droite jusqu'au milieu de l'aile, puis rentrant en dedans. Taches souvent nulles, quelquefois simplement indiquées par deux points noirâtres. Frange grise, légèrement entrecoupée. Ailes inférieures d'un gris-noirâtre avec la frange blanche. Cette agrotis varie passablement, on trouve des individus dont les ailes sont d'un gris plutôt jaunâtre que plombé avec seulement l'espace subterminal plus foncé. — ♀ semblable, mais plus grande.

Chenille inconnue. Papillon en juillet et août. Pyrénées-Orientales, Basses-Alpes. Assez rare.

Nyctimera, Bdv.-Ico., Dup.

41ᵐ. Ailes supérieures d'un gris-blond, luisant, finement varié de noirâtre avec les lignes brunes ; l'extrabasilaire un peu oblique, formant trois ondulations, et bordée de clair extérieurement ; la coudée très-dentée et se rapprochant de la précédente vers le bord interne, aussi bordée de clair extérieurement ; subterminale flexueuse et ombrée de brunâtre intérieurement. Ombre médiane brune ainsi que la tache réniforme qui est petite et peu marquée. Orbiculaire et claviforme nulles.

Ailes inférieures d'un gris-fuligineux, luisant, plus clair à la base de l'aile, avec la frange blanchâtre. — ♀ semblable.

La chenille vit sur la fétuque ovine (*Festuca ovina*),

elle passe l'hiver sous les pierres, dans les lieux secs et arides, et se chrysalide à la fin d'avril.

Le papillon éclôt en juin et juillet. Pyrénées-Orientales, Lozère, Auvergne, Alsace, *Oberthur; Fettig;* Bourgogne, Nuits, Autun, *Constant;* environs de Lyon. Se réfugie pendant le jour dans les murs en pierres sèches. Assez rare.

Constanti, Millière.

43^m. Ailes supérieures allongées, d'un jaune-argileux pâle, très-finement saupoudrées d'atomes bruns. Lignes médianes visibles, très-ondulées, faiblement écrites en brun, excepté à la côte et au bord interne où la teinte brune est plus prononcée, subterminale remplacée par une série de points bruns. Taches ordinaires peu visibles, vaguement indiquées par un contour testacé; claviforme nulle. Frange unicolore, précédée d'une ligne de petits points. Ailes inférieures bien développées, blanches, irisées, avec une bordure étroite de couleur argileuse.

Cette espèce, dont les premiers états ne sont pas encore connus, a été découverte à Celles-les-Bains, Ardèche, au commencement de septembre, par M. Millière.

Latens, Hb., Dup., Gn., Bdv.-Ico.

36^m. Ailes supérieures d'un gris-cendré, avec les lignes bien écrites en noir; la demi-ligne bien marquée; l'extrabasilaire très-ondulée, simple; la coudée festonnée, suivie d'une ligne de points noirs, ce qui fait paraître ses dentelures très-profondes; la subterminale brune, souvent peu marquée. Taches ordinaires de la couleur du fond, indiquées seulement par la tache noire qui les sépare. Claviforme nulle. Ombre médiane marquée seulement à la côte par une tache oblique, brune. Ailes inférieures d'un blanc-sale, avec les nervures, une bordure assez large et une ligne médiane ondulée, noirâtres. — ♀ semblable, avec la bordure des ailes inférieures plus large, et la ligne médiane à peine indiquée.

La chenille vit de graminées, dans les lieux montagneux. Papillon en juillet; Lozère, Basses-Alpes, Pyrénées, Auvergne. Pas rare.

Corrosa, H.S., *Latitans*, Gn., *Latens*, Bdv.-Ico.

33^m. Cette espèce a été longtemps confondue avec la précédente; on l'en distinguera facilement par sa taille plus petite, sa couleur blonde et ses ailes inférieures d'un brun uniforme.

Ailes supérieures d'un blond-jaunâtre, un peu luisant, avec les lignes ordinaires noirâtres, peu indiquées; les deux médianes géminées, ondulées; la subterminale indiquée seulement par des taches vagues, séparées. Taches concolores, accusées par la tache noire qui les sépare, cette tache noire ayant souvent la forme d'un *x*. Ailes inférieures d'un brun-clair uniforme. — ♀ semblable, mais un peu plus grande.

Chenille peu connue; selon M. de Graslin elle ressemble à une chenille de *Leucania* et à celle de la *Popularis*. Papillon dans les mêmes localités et aux mêmes époques que *Latens*. Nous l'avons prise plusieurs fois à Larche, Basses-Alpes.

Fimbriola, Esp., Dup., *Maravignæ*, Dup.

30 à 35^m. Ailes supérieures d'un gris-jaunâtre-pâle, avec une ombre médiane et tout l'espace terminal depuis la coudée jusqu'à la frange, d'un brun-noir. Demi-ligne et lignes médianes plus claires et bordées de noir; l'extrabasilaire presque droite jusque vers le bord interne où elle forme un angle obtus; la coudée très-arrondie, très-bien écrite; la subterminale faiblement indiquée par une ligne grise; ces deux lignes terminées à la côte par un point blanchâtre. Taches petites et écrites en clair. Ailes inférieures brunes, avec une bande médiane plus claire. — ♀ semblable.

La chenille vit en avril, sur différentes plantes basses. Papillon en juin. Cette espèce nous est signalée par M. Fallou, comme ayant été trouvée en Saône-et-Loire.

Groupe XI.

Alpestris, Bdv.-Ico., Dup.

35^m. Ailes supérieures d'un brun-violâtre avec les trois nervures principales, les lignes et les taches d'un blanc-jaunâtre. L'extrabasilaire brisée entre chaque nervure; la coudée flexueuse, arrondie par en haut et paraissant se joindre à la nervure costale; ces deux lignes bordées de noir; la subterminale ondulée, bordée intérieurement par une série de traits sagittés, noirs et allongés, ces traits éclairés de jaunâtre vers leur extrémité. Taches ordinaires avec un cercle noir dans

leur intérieur; la claviforme brune, bordée de jaunâtre.
Thorax de la couleur des supérieures avec l'abdomen
d'un *gris-jaunâtre*. Ailes inférieures d'un brun-noirâtre, *plus claires à la base*, et frange grisâtre. — ♀ semblable.

Cette espèce, dont la chenille est inconnue, se trouve
dans les Alpes et les Pyrénées, en juillet ; elle est commune le soir et même pendant le jour sur les fleurs de
chardon.

Ocellina, S.V., Bdv.-Ico., God.

C'est avec raison que M. Guenée dit : Qu'il est plus
aisé de sentir les différences qui séparent cette noctuelle
de l'*Alpestris* que de les décrire.

Celle-ci est toujours plus petite ; les lignes et les taches sont grises, à peine bordées ; les ailes inférieures
sont d'un *noir-brun uni ;* le thorax est plus velu, plus
roux ; enfin, son abdomen est *noir avec l'anus fauve*.
Cette espèce se trouve dans les mêmes localités et avec
la précédente, mais elle nous a toujours paru moins
commune.

Elegans, Eversm., *Grammiptera*, Rbr., Dup., *Cancel-
lata*, Frey.

36^m. Ailes supérieures d'un brun-noirâtre légèrement teinté de violâtre, avec l'espace terminal plus grisâtre ; les lignes, les taches et les nervures blanches.
Celles-ci s'arrêtant à la ligne coudée. Ligne extrabasilaire brisée, formant un angle très-aigu entre la nervure sous-médiane et le bord interne ; la coudée arrondie et paraissant joindre la nervure sous-costale ; ces

deux lignes bordées de noir. Subterminale grise, bordée intérieurement d'une série de traits sagittés, occupant tout l'espace subterminal. Taches ordinaires régulières, finement bordées de blanc ; claviforme très-grande, bordée de blanc. Ailes inférieures blanches, légèrement bordées de roussâtre au bord terminal. — ♀ semblable, mais avec les ailes inférieures fuligineuses.

Chenille inconnue. Papillon en juillet dans les montagnes alpines. Nous l'avons pris fréquemment le soir à la lanterne, sur les fleurs de chardon, dans les Basses-Alpes, à la hauteur de 800 à 1,800 mètres. Il habite aussi les montagnes du Dauphiné, et M. Maurice Sand l'a pris dans le département de l'Indre.

Larixia, Gn.

39^m. Très-voisine de la précédente ; plus grande, plus oblongue. Ailes supérieures d'un cendré-jaunâtre sans mélange de violâtre ; les dessins moins arrêtés et plus adoucis ; les lignes plus ternes, moins liserées de noir. Taches séparées par du noir, mais plus ternes et pupillées de gris sale. Traits sagittés subterminaux plus adoucis et placés sur un fond uniforme. Frange précédée d'un liseré ocracé bien distinct. Enfin on distinguera toujours facilement cette espèce de la précédente, *par les ailes inférieures du mâle qui sont noirâtres avec la frange blanche.* — ♀ semblable.

Basses-Alpes en juillet. Nous avons pris cette espèce en compagnie de la précédente, mais toujours à 16 ou 1800 mètres d'élévation, et bien plus rarement.

Multangula, Hb., Gn., Bdv.-Ico.

35^m. Ailes supérieures d'un gris-cendré avec l'espace subterminal et l'espace terminal brunâtres. Lignes médianes grises, bordées de noir; la demi-ligne formée de quatre petits traits noirs, dont deux à la côte et deux au-dessous; l'extrabasilaire ondulée, bordée extérieurement de quatre taches noires, les deux premières petites, quadrangulaires, la troisième grosse en demi-lune, la quatrième plus petite, en croissant et touchant le bord interne. Coudée arrondie, bordée intérieurement de petites taches noires, dont l'avant-dernière plus grosse que les autres. Subterminale grise, anguleuse, précédée d'une série de taches sagittées noires, ce qui fait paraître l'espace subterminal plus foncé que l'espace terminal. Taches ordinaires grises, se détachant sur une bande noire située entre la nervure sous-costale et la nervure médiane. Claviforme bordée de blanchâtre et suivie d'une tache brune qui s'étend jusqu'à la coudée. Plusieurs taches noires et blanchâtres à la côte à l'origine des lignes. Thorax et abdomen gris. Ailes inférieures sinuées au bord marginal, d'un blanc sale plus foncé au bord terminal et la frange grise. — ♀ semblable.

La chenille vit en mai, sur plusieurs espèces de *galium* (caille-lait). Papillon en juillet. Alpes, Dauphiné, Haut-Rhin, *Boeckel;* Saône-et-Loire, *Constant;* Doubs, *Bruand.*

Ab. *Rectangula*, Bdv.-Ico.

Ailes supérieures et thorax bruns, au lieu d'être

cendrés. Dessins noirs moins nets. Ligne subterminale moins visible et précédée de traits noirs plus
vagues.

Nous n'avons aucune certitude que cette ab. ait
jamais été prise en France.

RECTANGULA, S.V., God., Gn.

36 à 40^m. Ailes supérieures oblongues, rectangulaires, d'un brun-rouge, avec la demi-ligne et l'extrabasilaire bien marquées, géminées, d'un noir velouté ;
la seconde presque perpendiculaire jusqu'à la sous-
médiane, puis formant un coude à peine arrondi ; la
coudée ondée, mais à peu près parallèle, fine, peu ou
point géminée, avec les lunules assez marquées ; la
subterminale à peine indiquée en gris-rougeâtre. Toutes les taches concolores, finement cerclées de jaune,
même la claviforme, qui n'est noire qu'à sa base ; les
deux autres liées ensemble inférieurement, et séparées
par un espace noir. Ailes inférieures d'un noirâtre uni, à
frange plus claire. Partie antérieure du collier noire.
Antennes à tige forte et bien pubescente dans les ♂.
(*Guenée, Species général.*) Selon Godart la chenille vit
sur plusieurs sortes de *trèfles* et de *luzernes*, principalement sur le *mélitot.*

Cette rare espèce habite l'Autriche et la Hongrie ; et
nous ne connaissons que M. Maurice Sand qui l'ait
prise en France, dans le département de l'Indre, en
juillet, quoique Godart dise qu'elle se trouve dans les
départements du centre.

ANDERREGGII, Bdv.-Ico., Dup., Gn.

Beaucoup d'entomologistes tant en France qu'en Allemagne, ne considèrent cette espèce que comme une variété de la précédente ; ne pouvant trancher la question, nous l'admettons provisoirement comme espèce distincte, ainsi que l'a fait M. Guenée dans le species général.

32^m. Ailes supérieures moins rectangulaires, d'un brun-violâtre ; lignes noires, plus brisées, moins lunulées ; l'extrabasilaire formant au bord interne un coude plus arrondi ; la subterminale mieux marquée et plus jaunâtre ; espace séparant les deux taches ordinaires, et tache claviforme d'un noir velouté. Ailes inférieures blanches, salies de noirâtre. — ♀ semblable avec les ailes inférieures plus foncées.

Chenille inconnue. Papillon en juillet et août. Alpes de la France et de la Savoie ; Basses-Alpes, Digne ; nous l'avons pris plusieurs fois le soir à Larche. Peu commun.

Groupe XII.

POLYGONA, S.V., God.

36^m. Ailes supérieures ayant l'espace basilaire, la moitié supérieure de l'espace médian, et tout le reste de l'aile, depuis la coudée jusqu'à la frange, d'un brun-violâtre, et la partie inférieure de l'espace médian d'un gris-jaunâtre. Lignes médianes plus claires ; l'extrabasilaire anguleuse, bordée de noir des deux côtés ; la coudée peu arrondie, moins fortement bordée ; la subterminale flexueuse, bien marquée en clair et terminée près de l'angle apical par une liture oblique, noire. Tache réniforme d'un gris-jaunâtre cerclée de noir ; orbiculaire brunâtre, ces deux taches séparées par du noir ; claviforme brune, vague se détachant sur l'espace gris-jaunâtre. Ombre médiane vague, anguleuse, allant de la réniforme au bord interne. Thorax crêté, à collier bien relevé. Antennes filiformes dans les deux sexes. Ailes inférieures grises, un peu plus obscures au bord terminal. — ♀ semblable.

La chenille vit sur le plantain et probablement sur d'autres plantes basses. Le papillon paraît en juillet ; il habite les montagnes alpines ; nous l'avons pris plusieurs fois en Savoie et dans les Basses-Alpes. Godart dit l'avoir pris aux environs de Paris, mais nous ne connaissons personne qui l'y ait jamais trouvé. Pas rare.

Genre HIRIA, Dup.

Antennes légèrement crénelées dans le mâle, filiformes dans la femelle. Palpes une fois plus longs que la tête, très-ascendants ; le deuxième article étroit, légèrement cambré et peu velu ; le troisième presque aussi long, grêle, cylindrique, et terminé en pointe obtuse. Spiritrompe longue. Thorax bombé dans le milieu, présentant deux crêtes bifides, l'une au-dessous du collier, l'autre à la base. Abdomen aplati, terminé carrément par une brosse de poils plus large dans la femelle. Ailes supérieures très-étroites et ne se croisant pas l'une sur l'autre, par leur bord interne, dans le repos.

10

Chenille cylindrique, rase, épaisse, atténuée antérieurement, renflée jusqu'au onzième anneau, qui est marqué de taches cunéiformes d'un noir velouté, portant, sur les troisième et quatrième des points orbiculaires blancs, chrysalide enterrée.

Linogrisea, S.V., God., Gn. (Pl. 37, fig. 8.)

35 à 40^m. Ailes supérieures d'un gris-clair, ou d'un gris-foncé, avec l'espace terminal et le bord interne, d'un ferrugineux-violâtre. Les trois premières lignes, sinuées, triples; l'extrabasilaire fortement marquée depuis la nervure médiane jusqu'au bord interne. Taches ordinaires très-nettes, finement cerclées de noir; l'orbiculaire ronde, pupillée de noirâtre; la réniforme étranglée dans son milieu, avec un anneau concentrique noirâtre; la claviforme peu développée. Ailes inférieures d'un jaune vif, avec une bordure noire, et une lunule cellulaire en dessous. -- ♀ semblable, mais avec l'abdomen plus large et terminé carrément.

Chenille en février et mars sur différentes plantes basses; *lierre terrestre, primevère, oseille sauvage*, etc. Le papillon en juin, juillet, août et septembre; lisière des bois et endroits découverts. Presque toute la France, mais plus ou moins commun selon les localités.

Genre TRIPHÆNA, Och.

Antennes déliées, brièvement pubescentes dans les mâles, filiformes dans les femelles. Palpes un peu ascendants, dépassant peu la tête, le deuxième article épais, le troisième très-court et en bouton. Thorax subglobuleux, lisse, à collier étroit et arrondi. Abdomen déprimé, terminé par une brosse de poils coupée carrément, dans les deux sexes. Ailes supérieures étroites, allongées ; les inférieures très-développées, jaunes, avec une large bordure d'un noir velouté ; les supérieures se couvrant mutuellement par leur bord interne, dans l'état de repos. Chenilles épaisses, cylindriques, renflées postérieurement, à lignes distinctes et deux taches cunéiformes sur le onzième anneau. Elles vivent sur les plantes basses et se cachent pendant le jour sous les pierres, les feuilles, les débris, etc. Chrysalides enterrées.

Janthina, S.V., God.

38ᵐ. Ailes supérieures d'un brun-violâtre, plus foncé depuis la base de l'aile jusqu'à la ligne coudée, et la côte grisâtre. Lignes ordinairement nulles, la subterminale indiquée par une ombre plus foncée, terminée à la côte par une liture blanchâtre, contre laquelle vient s'appuyer une grande tache ferrugineuse. Sur cette tache on voit trois petits traits virgulaires blanchâtres. Taches ordinaires peu distinctes ; la réniforme entourée de quatre petits traits blancs ; l'orbiculaire bordée de même couleur mais seulement inférieurement. Abdomen brunâtre, avec l'anus noir et une bordure de poils jaunes. Thorax avec un collier d'un gris-verdâtre. Ailes inférieures jaunes avec une large bordure, la base, et le bord abdominal d'un noir foncé — ♀ semblable, ordinairement plus grande.

Chenille en mars et avril, principalement sur le gouet, pied de veau (*Arum maculatum*), dans les feuilles duquel elle fait des trous orbiculaires qui révèlent sa présence ; elle se cache pendant le jour au pied de la plante ou sous les feuilles environnantes ; nous l'avons aussi trouvée souvent dans les jardins sur les primevères. On l'élève très-facilement en captivité avec toutes sortes de plantes basses. Le papillon éclôt en juin, juillet et août, quelquefois même en octobre. Pendant le jour il se cache volontiers dans les touffes de lierre, et vole avec rapidité quand il est dérangé. Assez commun partout.

Fimbria, L., God. (Pl. 37, fig. 9.)

50^m. Ailes supérieures d'un jaune-nankin, plus ou moins pâle, quelquefois légèrement verdâtre, avec la moitié intérieure et supérieure de l'espace médian d'un ton plus clair. Ligne extrabasilaire brunâtre, très-oblique ; coudée plus pâle que le fond, formant un angle à peu près dans son milieu ; subterminale un peu ondulée, claire, terminée à la côte par deux taches noires, manquant cependant quelquefois. Taches ordinaires concolores se touchant à leur base, indiquées seulement par un filet pâle. Ailes inférieures d'un beau jaune orangé, avec une large bordure d'un noir velouté, qui s'arrête en se retrécissant à l'angle anal. Thorax de la couleur des supérieures. Abdomen de celle des inférieures. — ♀ semblable.

La chenille est polyphage, et vit dans les bois sur une infinité de plantes basses. On se la procure facilement en mars et au commencement d'avril, en secouant les feuilles sèches sur un drap, ou dans le parapluie. Elle s'élève très-bien en captivité. Le papillon éclôt en juin, juillet et août; il est assez rare à l'état parfait, quoique la chenille soit commune. Toute la France.

Comme cette espèce varie beaucoup pour la couleur, nous allons décrire ses principales variétés.

Ab. A. *Solani*, Fab.

Ailes supérieures avec les bandes vertes, excepté à la côte; thorax verdâtre; taches plus nettement cerclées de jaune clair; points noirs apicaux bien marqués. Ailes inférieures et abdomen comme le type.

Ab. B.

Tout ce qui est vert chez la *Solani* est remplacé par du rouge-brique clair. On trouve du reste une foule de passages intermédiaires entre ces trois races.

Interjecta, Hb., God.

33ᵐ. Ailes supérieures d'un jaune testacé ou fauve avec l'extrémité obscure. Lignes médianes et taches ordinaires à peine indiquées ; ligne subterminale flexueuse, brune ; entre cette ligne et la coudée, une série de petits points noirs. Ailes inférieures jaunes, avec une large bande marginale noire, sinuée intérieurement, la base rayonnée de brunâtre, et une petite lunule discoïdale noirâtre. Thorax de la couleur des supérieures; abdomen gris, bordé de poils jaunâtres ; antennes filiformes. — ♀ semblable.

La chenille est assez commune en avril et mai dans les herbes et les broussailles, surtout dans les terrains en talus. Elle est facile à élever, mais le papillon est ordinairement assez rare. Presque toute la France en juin et juillet, quelquefois même en août et septembre.

Comes, Hb., *Orbona*, Fab., God., Gn.

42 à 46^m. Très-variable pour la couleur. Ailes supérieures d'un jaune feuille-morte, ou d'un gris-jaunâtre, souvent teinté de verdâtre, surtout à la côte et à la base. Lignes médianes brunes; l'extrabasilaire géminée, courbe; la coudée festonnée, suivie d'une série de points noirs et d'une tache blanchâtre à la côte; ces deux lignes souvent complètement oblitérées; subterminale flexueuse, plus claire que le fond, ombrée intérieurement de ferrugineux, surtout à la côte. Taches ordinaires bordées de gris-clair; la réniforme brune ou ferrugineuse, noirâtre à sa base; l'orbiculaire, ovale, oblique, ordinairement de la couleur du fond. Ailes inférieures jaunes, avec une bordure marginale noire, sinuée, plus étroite que dans les espèces précédentes, une lunule centrale et les nervures vers le bord antérieur, noirâtres. Thorax de la couleur des supérieures; abdomen d'un gris-jaunâtre. — ♀ semblable.

Chenille très-commune en mars et avril, dans les bois et les jardins, sur une foule de plantes basses et potagères; elle attaque même les arbres fruitiers, dont elle dévore les bourgeons pendant la nuit; pendant le jour elle se cache sous les plantes, ou dans les trous des murailles. Papillon commun partout de juin à septembre.

Ab. *Connuba*, Hb., Gn.

Ailes supérieures d'un jaune d'ocre uni, avec les dessins à peine marqués, et le bord terminal plus foncé.

Ab. *Prosequa*, Tr., Gn.

Ailes supérieures d'un brun-foncé, avec des atomes clairs bordant les lignes.

Ab. *Adsequa*, Tr.

Ailes supérieures d'un brun-brûlé, avec les taches contiguës et les nervures plus claires.

Ces deux dernières ab. se trouvent avec le type, mais la première et la dernière sont rares.

Orbona, Hufn., *Subsequa*, S.V., Gn., God.

De la taille de la précédente à laquelle elle ressemble beaucoup. Ailes supérieures *plus étroites, et toujours marquées de deux points apicaux noirs.*

Chenille en avril et mai sur les graminées, et quelquefois sur les plantes basses. Papillon en juin et juillet ; beaucoup plus rare et moins répandu que *Comes.* Paris ; Charente, *Delamain ;* Indre, *Maurice Sand ;* Auvergne, *Guillemot ;* Saône-et-Loire, *Constant ;* Alsace, *de Peyerimhoff ;* Doubs, *Bruand ;* nord de la France.

Pronuba, L., God., etc.

50 à 55ᵐ. Ailes supérieures oblongues, d'un brun mêlé de gris-jaunâtre, quelquefois entièrement de cette dernière couleur avec la côte jusqu'à l'ombre médiane, toutes les lignes et la tache orbiculaire qui est évidée du même gris-jaunâtre. Tache réniforme grande, plus sombre que le fond et bordée de clair. Lignes dis-

tinctes ; subterminale avec deux points noirs au sommet. Ailes inférieures d'un jaune ocracé, avec le bord antérieur noirâtre et une bordure assez large, sinuée intérieurement, dentée extérieurement, d'un noir vif. Thorax de la couleur des supérieures, avec le collier gris, traversé par des lignes plus foncées. Addomen d'un gris-jaunâtre, avec une tache noire sur le dernier segment, dans les mâles. — ♀ semblable.

La chenille éclôt en automne, et elle parvient à toute sa taille en mars et avril ; elle est très-commune et vit dans les bois et les jardins sur toutes les plantes basses. Papillon depuis juin jusqu'en septembre. Très-commun partout.

Ab. A. *Innuba*, Tr., God., Gn.

Ailes supérieures d'un brun-hépatique foncé, avec les lignes peu distinctes, la côte et le collier concolores.

Ab. B. Gn.

Ailes supérieures et thorax d'un jaune d'ocre-testacé, à côte et collier concolores.

Ces deux ab. se trouvent avec le type et ne sont pas plus rares.

Genre NOCTUA, L.

Antennes presque toujours minces, unies et garnies de cils très-courts, rarement demi-pectinées dans les mâles, simples et filiformes dans les femelles. Palpes dépassant la tête, presque droits, comprimés latéralement ; le deuxième article large, coupé en biseau au sommet et presque toujours taché extérieurement de noir, le troisième très-court. Thorax subcarré, surmonté ordinairement d'une petite crête derrière le collier, qui est peu ou point relevé. Abdomen lisse, un peu déprimé, terminé carrément dans les mâles, et cylindrico-conique dans les femelles. Ailes supérieures arrondies au sommet, lisses, un peu luisantes, à taches toujours distinctes, la claviforme seule souvent oblitérée. Pattes fortes, à jambes presque toujours garnies de petites épines.

Les chenilles sont cylindriques, épaisses, non atténuées aux extrémités, rases, veloutées, présentant ordinairement deux séries sous-dorsales de taches noires, dont les deux postérieures plus prononcées. Ces chenilles vivent de plantes basses, sous lesquelles elles se cachent pendant le jour, mais sans se fourrer dans la terre, et sans attaquer leurs racines. Elles passent l'hiver, et ne s'enterrent pour se chrysalider qu'au printemps.

Groupe I.

MARGARITACEA, Bkh., *Glareosa.* Tr., Bdv. *I, intactum,* Hb., Dup.

35^m. Ailes supérieures d'un gris-bleuâtre-pâle, avec leur extrémité lavée de roussâtre. Lignes médianes brunâtres, peu marquées ; l'extrabasilaire géminée ; la coudée suivie d'une série de petits points ; la subterminale flexueuse, éclairée extérieurement de gris pâle. Taches ordinaires peu indiquées en clair, et séparées par une tache noire, presque carrée, au-dessus de laquelle on aperçoit à la côte l'origine de l'ombre médiane, brune, ainsi que deux autres taches de même couleur à l'origine des lignes médianes. Ailes inférieures blanches, avec le bord terminal légèrement teinté de gris. — ♀ semblable mais avec les ailes inférieures d'un gris-roussâtre et les nervures brunes.

Chenille au printemps sur différentes plantes basses ; nous l'avons trouvée à Fontainebleau, mais elle est délicate à élever. Papillon en juillet et août. France méridionale, Saône-et-Loire, *Constant*. Très-rare.

CANDELISEQUA, S.V., Dup.

41ᵐ. Ailes supérieures d'un gris-bleuâtre clair, teinté de rougeâtre sur le disque, le tout très-fondu. Lignes peu marquées ; la demi-ligne et l'extrabasilaire indiquées seulement à la côte par un point noir ; la coudée dentée, très-arrondie et suivie d'une série de points bruns ; la subterminale plus claire et terminée par une tache costale brune, subtriangulaire. Taches ordinaires peu marquées en clair, et séparées par une tache un peu plus foncée que le fond de l'aile. Ailes inférieures d'un gris-roussâtre et frange blanchâtre.— ♀ semblable :

Selon Hubner la chenille vit sur le plantain moyen (*Plantago media*). Papillon en juillet et août. Alpes, Dauphiné, Doubs, *Bruand*, Assez rare.

GLAREOSA, Esp. *Hebraica*, Hb., Bdv. *I, geminum*, Dup.

32ᵐ. Ailes supérieures d'un gris-cendré, avec tout l'espace subterminal d'un gris-roussâtre ; cet espace bordé des deux côtés, l'un, par la ligne coudée l'autre

par la subterminale; ces deux lignes d'un gris-clair.
Taches ordinaires indiquées par une légère bordure
pâle. Les ailes sont, en outre, ornées chacune de plusieurs taches noires, dont deux petites à la place de la
demi-ligne; trois autres sur la ligne extrabasilaire à
partir de la côte; enfin la dernière, cunéiforme, entre
entre les deux taches ordinaires. Ailes inférieures
blanches. — ♀ semblable, mais avec les ailes inférieures
roussâtres et les nervures brunes.

La chenille vit au printemps sur les plantes basses,
principalement sur les *rumex*, la renoncule ficaire
(*Ficaria renonculoides*) et le genêt à balais; nous l'avons
trouvée plusieurs fois dans les feuilles sèches au pied
des bruyères et des genêts; elle est difficile à élever.
Papillon en juillet et septembre. France centrale,
Paris, Fontainebleau, Charente, Auvergne, Indre, Pyrénées, Landes, Sarthe, etc. Pas très-commun.

DEPUNCTA, L., God.

40ᵐ. Ailes supérieures d'un gris-jaunâtre, légèrement teinté de roux, surtout dans l'espace terminal,
avec une ombre médiane brune, plus foncée à la côte,
et entre les deux taches ordinaires. Lignes médianes
brunes, ondulées, géminées, la coudée presque droite,
terminée à la côte par deux taches noirâtres, la subterminale suivie d'une série de points bruns, et terminée
à la côte par une liture brune. Tache orbiculaire de la
couleur du fond; réniforme brunâtre; ces deux taches
bordées de clair. On voit, en outre, deux points à la
base de l'aile, et trois taches sur l'extrabasilaire, à

partir de la côte, noirs, ainsi qu'une série de petits traits, courts, bruns, dans l'espace subterminal. Frange précédée d'une ligne de petits points noirs. Ailes inférieures d'un gris-noirâtre, luisant, avec la frange jaunâtre. — ♀ semblable.

Chenille au printemps sur plusieurs plantes basses. Papillon en juillet, août et septembre; très-rare en France; Basses-Alpes, Indre, *Maurice Sand;* Auvergne, *Guillemot;* Saône-et-Loire, *Constant.*

Groupe II.

Augur, Fab., Dup.

45ᵐ. Ailes supérieures d'un gris-brunâtre-luisant, assez uniforme, excepté l'espace subterminal qui est quelquefois plus foncé. Lignes médianes noires, plus ou moins bien écrites; l'extrabasilaire très-anguleuse; la coudée festonnée, très-arrondie, et se rapprochant de la précédente, vers le bord interne; cette ligne accompagnée d'une série de petits points noirs. Taches ordinaires concolores, bordées de noir; claviforme petite, évidée.

Ces lignes et ces taches souvent complètement absorbées par la couleur du fond. Ailes inférieures un peu plus pâles que les supérieures, avec une lunule centrale peu marquée. — ♀ semblable.

La chenille vit sur le pissenlit et d'autres plantes basses. Papillon en juillet; nord de la France, Saint-Quentin, Basses-Alpes, Strasbourg, *de Peyerimhoff;* peu répandu, mais pas rare.

Sigma, S.V., *Signum*, God.

38 à 42^m. Ailes supérieures d'un brun-noirâtre nuancé de ferrugineux à la base et à la partie supérieure de l'espace subterminal, avec la côte jusqu'à la coudée d'un jaune-rougeâtre-pâle. Lignes médianes jaunâtres et bordées de brun; l'extrabasilaire anguleuse; la coudée ondulée, plus large et presque droite, depuis la nervure médiane jusqu'à la côte; la subterminale vague, marquée vers sa partie supérieure de plusieurs petites taches noires. Taches ordinaires grisâtres, bordées de noir et souillées de brun-obscur dans leur milieu; ces deux taches très-rapprochées l'une de l'autre; claviforme petite, évidée. Trait basilaire noir. Frange brune, *précédée d'une ligne de points gris ou blanchâtres*. Ailes inférieures d'un gris-noirâtre, avec la frange plus claire. — ♀ semblable.

Chenille au printemps sur plantes basses, et aussi dit-on sur le chou commun. Papillon en juin. Nord de la France, Haut-Rhin, *Bœckel;* assez commun dans l'Indre, *Maurice Sand;* Aube, *Jourdheuille*.

Groupe III.

Plecta, L., God.

32^m. Ailes supérieures d'un brun-rouge luisant, avec la côte très-largement blanche, depuis la base jusqu'à la coudée. Lignes médianes nulles; subterminale blanchâtre, sinuée, maculaire et souvent peu marquée. Taches ordinaires blanches; la réniforme noirâtre dans son milieu, l'orbiculaire pupillée de noirâtre; ces

11

deux taches placées sur une bande longitudinale noire, nettement coupée supérieurement, et fondue intérieurement. Plusieurs petits traits virgulaires blancs. Thorax de la couleur des supérieures; abdomen d'un gris-roux, avec l'anus rougeâtre. Ailes inférieures blanches, un peu jaunâtres au bord antérieur. — ♀ semblable.

Chenille en automne sur plusieurs plantes basses, *Cichorium intybus*, *Polygonum*, *Galium verum*, etc. Papillon en mai, juin, juillet et août, dans les herbes, sur les arbres, et surtout le soir à la miellée. Assez commun partout.

LEUCOGASTER, Frey., Bdv.-Ico., Dup.

Taille de *Plecta* à laquelle elle ressemble beaucoup. *Ailes supérieures plus étroites*, d'un brun-clair, avec la bande costale d'un *blanc-jaunâtre*, s'étendant presque jusqu'à l'angle apical. Taches ordinaires plus petites, moins blanches, posées de même sur une bande longitudinale noire; lignes nulles; frange concolore, précédée d'une ligne de petits points noirs. Thorax de la couleur des ailes avec le collier rougeâtre; *abdomen blanc avec son extrémité roussâtre*. Ailes inférieures blanches ainsi que la frange. — ♀ semblable.

La chenille éclôt à la fin de l'automne, et parvient à toute sa taille en février. M. Millière l'a trouvée aux environs de Cannes sous des touffes du *Lotus angustissimus*, mais elle vit aussi sur plusieurs autres plantes basses.

Le papillon est moins répandu et toujours plus rare

que *Plecta*. France méridionale, Cannes, en avril, *Millière ;* Landes, Charente, *Delamain ;* Gironde en août et septembre, *Trimoulet ;* Hyères en juin, *Cantener.*

Musiva, Hb., God.. Pl. 37 fig. 10.

42ᵐ. Ailes supérieures d'un brun-ferrugineux, plus clair vers l'extrémité de l'aile, avec une large bande costale blanchâtre, comme chez *Plecta*. Ligne extra-basilaire d'un jaunâtre obscur, anguleuse, et bordée de noir ; coudée ondulée, brune, éclairée de ferrugineux pâle intérieurement ; subterminale un peu anguleuse, éclairée comme la précédente, mais plus largement. Taches se confondant antérieurement avec la bande costale ; la réniforme noirâtre, l'orbiculaire rougeâtre, bordée de blanchâtre ; ces deux taches posées sur une bande longitudinale noire, en triangle très-allongé, et coupée carrément par la tache réniforme. On voit, en outre, un trait basilaire noir, épais, et au-dessous une tache blanchâtre. Thorax ferrugineux, avec la partie antérieure d'un blanc-jaunâtre, suivie d'un large collier noir ; abdomen blanchâtre avec l'extrémité rougeâtre. Ailes inférieures d'un blanc légèrement teinté de rougeâtre, ainsi que la frange. Antennes ciliées chez le mâle, filiformes chez la femelle qui est semblable pour la couleur et les dessins.

La chenille de cette belle et rare noctuelle est peu connue ; Godart dit l'avoir trouvée aux environs de Paris sur la *chicorée sauvage*, mais sans en avoir obtenu l'insecte parfait ; il y a donc lieu de penser que Godart s'est trompé. Quant à nous, nous n'avons jamais pris

le papillon qu'une seule fois, à Larche Basses-Alpes,
en juillet.

Flammatra, S.V., God.

44^m. Ailes supérieures d'un gris-brunâtre, avec la
côte jusqu'à la coudée et les deux taches ordinaires
d'un gris-cendré ; la réniforme courte, épaisse, faisant
un angle rentrant très-prononcé à son bord extérieur ;
l'orbiculaire ronde, précédée d'une tache cunéiforme
noire ; ces deux taches bordées de blanchâtre. Lignes
médianes peu marquées ; l'extrabasilaire géminée
décrivant trois courbes ; la coudée peu arrondie, festonnée et suivie d'une série de petits points bruns,
ainsi que les lignes ; subterminale mieux écrite, dentée, éclairée extérieurement de jaunâtre ; et terminée
à l'angle apical par une tache subtriangulaire brunâtre, sur laquelle on voit quelques petits traits virgulaires, blanchâtres. Ligne basilaire noire, épaisse,
de forme variée, et imitant, dit Godart, *une flamme ou
une banderole agitée*. Côte marquée de plusieurs points
noirs et blancs à l'origine des lignes. Thorax de la
couleur des supérieures avec un très-large collier
noir ; abdomen de celle des inférieures qui sont d'un
gris-enfumé avec la frange blanchâtre. — ♀ semblable.

Chenille comme celle du genre. Papillon rare en
France ; département du Var en mai, *Cantener* ; Lozère en juillet, *Fallou*.

Groupe IV.

C. Nigrum, L., God.

40^m. Ailes supérieures d'un brun-noirâtre-luisant,

avec une grande tache subtriangulaire, d'un blanc-jaunâtre, s'étendant depuis la côte jusque et y comprise la tache orbiculaire, et bornée latéralement par la ligne extrabasilaire et par la ligne coudée. Cette tache est appuyée inférieurement sur un espace noir, que l'on a comparé à un C renversé, ce qui a donné le nom à cette espèce. La tache réniforme est jaunâtre avec son milieu souillé de brun-noirâtre et de ferrugineux, elle est creusée en dehors et bordée de noir. La demi-ligne et l'extrabasilaire sont claires et bordées de noir; la coudée est festonnée et éclairée de roussâtre intérieurement; la subterminale est noirâtre, bordée intérieurement d'une ligne jaunâtre puis d'une ligne ferrugineuse; elle est coupée vers l'angle apical par une liture composée de deux points noirs. Ailes inférieures d'un gris-blanchâtre, avec le bord terminal plus obscur. Thorax d'un brun-noirâtre, avec un collier d'un gris-blanchâtre, traversé par une ligne noirâtre. — ♀ semblable.

La chenille est commune en février et mars, dans les feuilles sèches et sous les plantes basses. Le papillon éclôt en juin pour la première fois, et en août pour la seconde; il est commun partout.

Aв. *Nun-atrum*, Esp., Gn.

Plus claire, lignes ordinaires oblitérées, espace terminal très-noir.

Tristigma, Tr., *Ditrapezium*, Bkh. Gn.

43ᵐ. Ailes supérieures plus étroites que dans l'espèce suivante, d'un brun-violet foncé, avec deux points noirs sur la demi-ligne, l'inférieur suivi d'une autre tache noire, plus grande. Ligne extrabasilaire géminée, un peu oblique ; coudée lunulée, suivie d'une série de points bruns ; subterminale presque nulle, avec deux taches apicales noires, souvent confondues. Tache réniforme portant au centre un C gris, plus ou moins bien écrit ; orbiculaire oblique, coupée carrément à sa partie supérieure ; ces deux taches se dessinant en clair sur une bande longitudinale d'un noir-brun. Thorax de la couleur des supérieures ; abdomen jaunâtre ainsi que les ailes inférieures, qui ont, en outre, une lunule et une bordure plus obscures. — ♀ semblable.

Chenille en mars sur plusieurs plantes basses. Papillon en juillet ; Nord et centre de la France ; département des Ardennes, de l'Indre, *Maurice Sand*. Peu répandu mais doit se trouver dans d'autres localités. Triangulum, Hufn., Gn., *Sigma*, Esp., God.

Très-voisine de la précédente ; un peu plus petite ; variant pour la couleur. Ailes supérieures d'un gris-incarnat, avec deux points noirs sur la demi-ligne, l'inférieur accompagné d'une troisième tache, comme chez *Tristigma*, mais plus petite. Tache réniforme *coupée droit intérieurement et creusée en angle en dehors;* orbiculaire tendant à former un U. Ligne coudée lunulée, et suivie *d'un rang de points blancs et noirs;* subterminale ondulée, avec un liseré plus ou moins foncé, et deux taches apicales noires, souvent confondues. Ailes inférieures d'un gris-noirâtre presque uni. — ♀ semblable.

La chenille est assez commune en mars dans les allées des bois, sur les plantes basses. Papillon en juin et juillet, dans les clairières des bois. Presque toute la France mais moins commun que la chenille.

RHOMBOIDEA, Esp., God.

42ᵐ. Ailes supérieures d'un brun-violet; *sans tache noire sur la demi-ligne*. Tache réniforme ordinaire; orbiculaire arrondie par en bas; ligne coudée peu ou point lunulée; subterminale jaune, très-ondulée, précédée d'une ombre brune, s'étendant ordinairement jusqu'à la coudée, et *sans taches apicales*. Ailes inférieures d'un brun-foncé uni. — ♀ semblable.

La chenille est polyphage comme ses congénères, et n'est pas rare en mars et avril dans les allées des bois. Papillon en juin, juillet et août, dans une grande partie de la France, mais plus ou moins commun selon les localités.

BRUNNEA, S.V., God.

38ᵐ. Ailes supérieures d'un brun-rougeâtre, avec les lignes, l'ombre médiane, et l'espace subterminal d'un brun-ferrugineux. La demi-ligne et l'extrabasilaire géminées; la coudée très-lunulée est suivie d'une éclaircie-jaunâtre, bordée d'une ligne brune accompagnée d'une série de points blancs et noirs; subterminale jaunâtre, fine, très-ondulée surtout à sa partie supérieure; cette ligne souvent peu marquée. Tache réniforme jaunâtre avec un anneau obscur; orbiculaire ronde, rougeâtre, bordée de noir; ces deux taches séparées par une tache d'un brun-noir; claviforme nulle, indiquée seulement par un petit point noir, placé à sa partie supérieure, et au-dessous de l'orbiculaire. Ailes inférieures grises, bordées d'un filet noirâtre, avec la frange rougeâtre. Abdomen d'un gris-obscur avec les côtés et l'extrémité rougeâtre. — ♀ semblable, ordinairement plus grande.

Chenille en avril et mai, dans les feuilles sèches ; vit sur la primevère, le chèvrefeuille, la ronce et diverses plantes basses. Papillon en juin et juillet, sur les troncs d'arbres et surtout à la miellée.

Cette espèce est *assez commune* dans les départements de l'Aube et de Saône-et-Loire, mais elle est assez rare dans les autres localités.

Festiva, S.V., God.

35ᵐ. Ailes supérieures d'un gris-jaunâtre plus ou moins clair, avec l'ombre médiane, l'espace subterminal surtout à la côte vers l'angle apical, d'un brun-ferrugineux. Ligne extrabasilaire anguleuse ; la coudée festonnée, suivie d'une éclaircie d'un blanc-jaunâtre et d'une série de petits points bruns ; subterminale légèrement flexueuse, d'un blanc-jaunâtre, souvent peu marquée, et précédée de plusieurs taches sagittées d'un brun ferrugineux. Taches ordinaires blanchâtres ; la réniforme grisâtre dans son milieu ; ces deux taches sur une bande noire ; claviforme claire, bordée de noir, ayant à son sommet un point noir, souvent seul visible. Frange rougeâtre, précédée d'une série de points noirs bien marqués. Ailes inférieures grises, avec une lunule plus obscure, une légère trace de bande plus claire, et la frange rougeâtre. Corps d'un gris-jaunâtre avec l'anus rougeâtre. — ♀ semblable.

Chenille en mars et avril dans les feuilles sèches. Papillon en juin et juillet; peu commun. Indre, *Maurice Sand;* Saône-et-Loire, *Constant;* Auvergne, *Guillemot;* Aube, *Jourdheuille;* Paris, *Fallou*, *Goosens;* Basses-Alpes, Savoie.

Cette espèce ainsi que la précédente étaient autrefois assez communes aux environs de Paris, mais elles y sont très-rares maintenant.

Ab. *Subrufa*, Haw., Gn.

Point de taches noires entre et avant les taches ordinaires.

Ab. *Congener*, Hb., Gn.

D'un ton plus chaud et plus roux, surtout sur l'espace médian, avec les lignes très-bien marquées. Çà et là avec le type.

Collina, Bdv.

33^m. Elle est très-voisine de *Festiva* selon M. Guenée, et de *Brunnea* selon M. H. Schaeffer, auquel nous empruntons ce que nous allons en dire, car nous ne connaissons pas cette espèce, qui n'est ni décrite ni figurée dans aucun ouvrage français. Ailes supérieures d'un brun-pourpré, d'une nuance intermédiaire entre *Brunnea* et *Bella*. Les lignes médianes sont noires, plus dentées que chez *Festiva;* la claviforme est évidée. Les taches ordinaires sont placées sur une bande noire, que les auteurs allemands appellent *pyramidale*, à cause de sa forme; elles sont concolores et bordées de

11.

blanchâtre ; l'orbiculaire est placée obliquement *et ouverte par en haut*. On remarque, en outre, entre la coudée et la subterminale une série de points blancs, placés sur de petites lignes nervurales noires. Ligne basilaire noire. Frange précédée d'une série de points blancs. Ailes inférieures grises avec une lunule centrale plus foncée. Extrémité de l'abdomen jaunâtre.

Alpes de Digne en juillet.

M. Guenée pense qu'elle pourrait bien n'être qu'une simple variété de *Festiva*.

DAHLII, Hb., God.

38ᵐ. Ailes supérieures d'un brun-jaunâtre nuancé de violâtre, et de brun-ferrugineux, surtout dans l'espace médian, avec les lignes peu marquées ; l'extrabasilaire géminée ; la coudée festonnée suivie d'une bande plus claire et de deux rangées de points noirs ; subterminale jaunâtre, étroite, peu flexueuse et légèrement bordée de brun. Tache orbiculaire assez grande, ronde, de la couleur du fond, bordée de brun ; réniforme brune en dedans, *cordiforme et d'un gris clair en dehors ;* ces deux taches ne sont séparées que par l'ombre médiane, qui est d'un brun ferrugineux ; claviforme indiquée seulement par un point noir au-dessous de l'orbiculaire. Ailes inférieures grises avec la frange rougeâtre ; abdomen avec l'anus roux. — ♀ semblable.

Selon Hubner la chenille vit sur le *plantain lancéolé*. Papillon en juillet et août ; France méridionale ; Gironde, *Trimoulet ;* Aisne, Saint-Gobain, *Godard*. Toujours rare.

Groupe VI.

Punicea, Hb., God., Bdv.-Ico.

33ᵐ. Ailes supérieures d'un rouge de grenade pâle,
avec une ombre médiane et l'espace subterminal d'un
brun-ferrugineux. Lignes médianes plus claires, bordées de brun, peu ondulées ; l'extrabasilaire presque
droite et oblique ; la subterminale flexueuse, d'un jaune
pâle, suivie d'une série de petits traits longitudinaux
sur les nervures de l'espace terminal. Taches ordi-
daires, de la couleur du fond, ou plus foncées. Ailes
inférieures d'un gris-cendré avec deux bandes transverses plus foncées et la frange rougeâtre. — ♀ semblable.

Selon M. Guenée cette rare espèce se trouve en Normandie en juillet ; nous ne connaissons aucune autre
localité, où elle ait été prise authentiquement.

Rubi, View. *Bella*, Bkh., Gn., God.

33ᵐ. Ailes supérieures d'un gris-jaunâtre ou rougeâtre, plus ou moins foncé, avec l'ombre médiane et
l'espace subterminal plus clair. Demi ligne et ligne
extrabasilaire géminées, peu marquées ; coudée arrondie, peu flexueuse, suivie d'une ombre brune et d'une
série de petites lignes courtes et noires. Ligne subterminale claire, ombrée extérieurement de brunâtre.
Taches ordinaires concolores, l'orbiculaire petite, bordée de brun ; la réniforme bordée de jaunâtre ; la claviforme très-petite, bordée de noir, dont on ne voit
souvent que l'extrémité. Ailes inférieures grises, avec

une lunule plus foncée et la frange rougeâtre. — ♀ semblable.

Chenille en avril dans les bois humides. Papillon en mai et juin, puis en juillet, août et septembre. Selon M. Goosens les individus de la seconde génération sont plus petits. Paris, Indre, *Maurice Sand;* Autun, *Constant;* Gironde, *Trimoulet.* Assez rare, quoique M. Guenée le dise commun.

UMBROSA, Hb., God.

38^m. Ailes supérieures d'un gris-brunâtre plus ou moins foncé, avec une ombre médiane et les nervures brunes. Lignes médianes noirâtres, bien écrites; l'extrabasilaire anguleuse; la coudée peu ondulée; la subterminale indiquée par une ombre brune; tache réniforme concolore; orbiculaire plus claire; ces deux taches bordées de brun; claviforme peu ou point indiquée par un trait noir. Frange précédée d'un filet noirâtre. Ailes inférieures d'un blanc sale avec une légère bande transverse, et le bord terminal d'un gris obscur. Frange précédée d'un filet brun. — ♀ semblable.

Selon M. Goosens, la chenille vit avec celle de *xanthographa,* à laquelle elle ressemble beaucoup; mais elle est beaucoup plus rare. Papillon en août; Paris, *Goosens;* Indre, *Maurice Sand;* nord de la France. Peu commun.

Groupe VI.

BAJA, S.V., God.

42^m. Ailes supérieures d'un brun clair, avec une ombre médiane d'un brun-rougeâtre. Lignes médianes peu marquées; l'extrabasilaire ondulée, géminée; la coudée festonnée, peu arrondie, suivie d'une série de petits points noirs; subterminale vague, avec deux points apicaux noirs. Tache réniforme concolore, d'un gris-plombé à sa partie inférieure, orbiculaire plus grisâtre; ces deux taches finement bordées de blanchâtre. Ailes inférieures d'un gris-jaunâtre, avec une bande transverse plus obscure. — ♀ semblable.

Chenille en avril et mai sur plusieurs plantes basses et arbustes. Papillon en juillet et août. Nord et est de la France; Indre, Gironde, Doubs, Alsace, Basses-Alpes, etc. Pas rare.

Sobrina, Bdv., Gn., Dup. *Gruneri*, Pierret.

38^m. Ailes supérieures d'un cendré-blanchâtre un peu rosé, avec les lignes médianes brunes, ondulées, peu marquées, et la subterminale plus claire. Taches ordinaires concolores, bordées de brunâtre; la réniforme avec un point plombé à sa partie inférieure. Ailes inférieures d'un gris-pâle luisant. — ♀ semblable.

Nous ne connaissons rien des mœurs de la chenille. Le papillon type, c'est à dire *sobrina* habite la Prusse et la Russie méridionale; la variété *Gruneri* que nous venons de décrire, n'a encore été trouvée que dans les Pyrénées-Orientales, et dans les Basses-Alpes, à Larche et à Digne. Très-rare.

Groupe VII.

Neglecta, Hb., Dup.

35 à 38^m. Ailes supérieures d'un gris-cendré, plus

ou moins foncé, quelquefois un peu rougeâtre, assez uniforme, avec toutes les lignes presque toujours oblitérées. Coudée suivie d'une série de points noirs ; subterminale plus claire, ombrée de brunâtre intérieurement. Taches ordinaires concolores, bordées de brun-clair ; la réniforme ayant un gros point noirâtre à sa partie inférieure. Ailes inférieures noirâtres avec la frange grise. — ♀ semblable.

Cette espèce est très-variable pour la couleur ; on trouve souvent des individus, tantôt d'un gris-cendré ou rougeâtre, tantôt presque d'un rouge-brique, sans aucune trace de lignes ni de taches. La figure de Duponchel est méconnaissable, n'ayant pas été faite d'après nature. Chenille en avril et mai sur les plantes basses ; dans sa jeunesse elle monte souvent sur les tiges de la bruyère ; ce qui a pu faire croire qu'elle vivait de cet arbuste. Elle est difficile à élever. Papillon en août et septembre. France centrale et méridionale ; Paris, *Goosens ;* Fontainebleau, Charente, *Delamain ;* Indre, *Maurice Sand ;* Rennes, *Oberthur ;* Saône-et-Loire, *Constant.* Pas très-commun.

Groupe VIII.

XANTHOGRAPHA, S.V., Dup.

35 à 38^m. Varie beaucoup pour la couleur qui est tantôt d'un brun-rouge, tantôt d'un rouge-brique et quelquefois d'un gris-noisette, avec les lignes médianes souvent bien écrites en noir, et souvent complètement effacées. Ligne extrabasilaire anguleuse à la côte et formant deux courbes à sa base ; coudée arrondie,

festonnée et suivie d'une série de points noirs ; sub-terminale jaunâtre, flexueuse, souvent maculaire. Taches ordinaires d'un jaune-pâle ; réniforme marquée de brun à ses deux extrémités, souvent à sa base seulement ; orbiculaire brune intérieurement. Ailes inférieures blanchâtres avec une bordure grise, sé-parée vers l'angle anal par une raie blanchâtre. Frange un peu jaunâtre. — ♀ semblable, mais avec les ailes inférieures plus grises.

Cette espèce se reconnaîtra toujours facilement à ses taches ordinaires jaunes.

Chenille en mars et avril, sur les graminées et au-tres plantes basses. Papillon en septembre, sous les feuilles sèches, les vieux fagots, etc. Commun partout.

ORTHOSIDÆ, Gn.

Les papillons de cette famille sont assez difficiles à distinguer de ceux de la famille précédente et même de la suivante ; leurs antennes sont pubescentes ou ciliées dans les mâles, et garnies de cils isolés dans les fe-melles ; les palpes sont presque toujours grêles, velus, droits ou même incombants, rarement ascendants ; la trompe courte ; les pattes rarement épineuses ; les ailes plus ou moins aiguës à l'angle apical ; les taches ordinaires visibles ; la réniforme souvent salie de noi-râtre inférieurement ; les lignes distinctes ; la subter-minale souvent droite. Ailes en toit dans le repos. Che-nilles cylindriques, veloutées, à tête globuleuse, dépourvues d'éminences et de tubercules ; vivant sur les arbres ou les plantes basses et se tenant cachées ou simplement abritées pendant le jour. Chrysalides enterrées.

Genre **TRACHEA**, Hb.

Antennes dentées et garnies de cils fasciculés chez les mâles, filiformes chez les femelles. Palpes grêles et courts, perdus dans les poils qui les entourent. Tête petite ; trompe courte ; thorax épais, très-velu, à ptérygodes écartées. Ailes épaisses, à taches grandes et distinctes.

Chenilles longues, rases, lisses, de couleurs vives, avec les lignes ordinaires bien marquées, à tête moyenne, vivant sur les arbres résineux.

PINIPERDA, Panzer, Dup. (pl. 36, fig. 1.)

32 à 35ᵐ. Ailes supérieures d'un rouge vif, avec les nervures d'un gris-blanc, et quelques nuances olivâtres ou ocracées, sur l'espace médian et l'espace terminal. Lignes médianes très-rapprochées au bord interne ; coudée fortement dentée, suivie d'une bandelette d'un gris-lilas. Taches très-nettes, blanches, salies d'olivâtre intérieurement ; la réniforme grande, oblique, l'orbiculaire petite, ovale. Ailes inférieures d'un noirâtre uni, avec la frange claire. Thorax rouge mêlé de blanc. — ♀ semblable.

La chenille est très-jolie ; elle est d'un vert foncé vif, avec les lignes dorsales et sous-dorsales blanches, larges, et la stigmate d'un rouge ferrugineux. Tête et pattes écailleuses, rousses. Elle vit en mai et juin, sur les pins et les sapins, et cause dit-on de grands dommages à ces arbres en Allemagne. Elle est heureusement beaucoup plus rare en France. Papillon en mars et avril; on le prend facilement en battant les branches sur un drap ou dans le parapluie. Vosges, Bourgogne, Auvergne, Paris, assez commun à Fontainebleau.

Ab., A.

La couleur rouge est remplacée par du gris-verdâtre, et les taches sont à peine marquées en dedans de cette couleur. Mêmes localités mais plus rare.

Genre TENIOCAMPA, Gn.

Antennes ordinairement pectinées dans les mâles. Palpes droits ou incombants, courts, le deuxième article grêle, velu, le troisième très-court. Spiritrompe courte. Thorax velu, arrondi. Toupet frontal saillant, hérissé. Abdomen lisse, velu, terminé carrément dans les mâles, et en pointe dans les femelles. Pattes courtes, velues. Ailes supérieures, pulvérulentes, avec les taches ordinaires visibles, disposées en toit très-incliné dans le repos. Chenilles rases, longues, de couleurs gaies, atténuées antérieurement, un peu renflées vers le onzième anneau, vivant sur les arbres ou les plantes basses. Chrysalides renfermées dans des coques de terre peu solides.

Groupe I.

Gothica, L., Dup. (pl. 38, fig. 2.)

36^m. Ailes supérieures d'un violet plus ou moins

noirâtre, cendré ou rougeâtre, avec l'espace terminal plus foncé. Lignes médianes géminées, faiblement ondulées ; subterminale précédée d'une grande éclaircie d'un gris-violet pâle. Mais ce qui caractérise le mieux cette espèce, c'est une grande tache noire qui sépare les deux taches ordinaires, puis s'étend le long de la nervure médiane, et remonte derrière l'orbiculaire, qu'elle embrasse inférieurement. Sous cette tache il y a un trait noir, court, qui s'appuie sur la ligne coudée. Trois points noirs à la côte à l'origine des lignes et plusieurs petits traits virgulaires blanchâtres. Ailes inférieures d'un gris-brunâtre avec la frange rougeâtre.

La chenille vit en juin, juillet et octobre sur plusieurs arbres et arbustes principalement le genêt et aussi sur les plantes basses, telles qu'oseille, luzerne, caillelait, etc. Cette espèce a certainement deux générations par an, du moins dans plusieurs parties de la France ; la première en mars et avril, la seconde en août, septembre et octobre, ainsi que l'ont constaté MM. *Maurice Sand, Guillemot, Bruand, de Peyerimhoff*. Le papillon butine volontiers le soir sur les fleurs du saule marceau. Commun.

I. Cinctum, S.V., Gn., *Cincta*, Dup.

40ᵐ. Ailes supérieures d'un gris-cendré ou d'un gris-foncé, légèrement violâtre, avec l'espace médian d'un gris-noirâtre ; sur cet espace, on voit une grande tache de la couleur du fond, bordée d'une ligne fine jaunâtre, puis d'une autre beaucoup plus large, noire. Cette bordure noire commence dans la cellule, près de la ligne extrabasilaire, par une petite tache triangulaire, puis descend en formant une grande courbe qui occupe tout l'espace entre les deux lignes médianes, puis une autre courbe plus petite, dont l'extrémité remonte jusqu'à la nervure sous-médiane. Les taches ordinaires placées dans cette tache, sont un peu plus claires que le fond, mais à peine visibles; elles sont séparées par un trait perpendiculaire, noir, que l'on a comparé à un I. Frange entrecoupée de noirâtre. Ailes inférieures d'un gris-obscur et frange blanchâtre légèrement entrecoupée chez la femelle, qui est semblable pour le reste.

Cette espèce se reconnaîtra toujours facilement, à la grande tache dont nous venons de donner la description.

Selon Hubner, la chenille vit sur les *rumex*. Le papillon est très-rare en France ; tout ce que nous savons, c'est qu'il a été trouvé aux environs de Paris par M. *Boisduval*, et dans l'Aube par M. *Jourdheuille*, en mai.

Groupe II.

Leucographa, S.V., Dup., *Lepetitii*, Bdv.-Ico.

33^m. Ailes supérieures d'un brun-rouge, avec la côte, l'ombre médiane et l'espace terminal plus foncés. Lignes peu marquées ; la subterminale plus claire. *Taches ordinaires très-bien écrites en gris blanchâtre.* Ailes inférieures d'un blanc rougeâtre, avec une lunule et une légère bande transverse grises. Thorax de la couleur des supérieures ; abdomen gris avec l'anus fauve.

Antennes pectinées. — ♀ avec les ailes inférieures plus foncées et les antennes simples.

Chenille peu connue. Papillon en mars et avril ; nord de la France, département de la Meurthe, Indre, *Maurice Sand*. Rare.

AMICTA, Donzel.

30ᵐ. Ailes supérieures d'un brun-violâtre-brûlé presque uni. Taches ordinaires peu marquées ; l'orbiculaire plus claire que le fond ; la réniforme plus foncée. Lignes peu apparentes excepté la subterminale ; trois petits traits virgulaires et un gros point blancs à la côte. Ailes inférieures d'un gris terne à frange rougeâtre.

On ne connaît de cette espèce qu'un seul individu femelle trouvé à Hyères en mars par M. Donzel.

RUBRICOSA, S.V., Dup.

37ᵐ. Ailes supérieures d'un gris violâtre, avec les lignes d'un gris-bleuâtre, peu marquées ; l'extrabasilaire anguleuse ; la coudée peu arrondie et formée de petites lunules ; la subterminale presque droite, souvent maculaire. Taches ordinaires faiblement écrites en gris-bleuâtre ; taches costales brunes, à l'origine des lignes ; frange rougeâtre. Ailes inférieures grises. — ♀ semblable.

Selon Hubner la chenille vit sur le fraisier, et probablement aussi sur d'autres plantes basses, car M. de Graslin l'a trouvée au Vernet sur la *Digitalis parviflora*. Papillon en mars et avril. Assez rare. Environs de Paris. Charente, *Delamain* ; Indre, *Maurice Sand* ; Saône-

et-Loire, *Constant ;* Haut-Rhin, *de Peyerimhoff ;* Pyrénées-Orientales.

Ab., *Mista,* Hb.

D'un rouge-brique foncé, avec la côte et les lignes
teintées de gris et l'espace terminal plus obscur. Ailes
inférieures plus foncées au bord terminal. Avec le
type.

Ab. *Rufa,* Haw.

Plus petite. D'un rouge de tuile clair, avec toutes les
lignes d'un cendré clair, bien marquées. Indre, *Maurice Sand.*

Groupe III.

Incerta, Hufn., *Instabilis,* S.V., Dup., Gn., Bdv.

37ᵐ. Cette espèce varie tellement, qu'il est rare de
rencontrer deux individus exactement semblables.
Ainsi que M. Guenée, nous considérerons comme type,
ceux dont les ailes supérieures sont d'un rouge-ferrugineux clair, à peu près uniforme. Ligne subterminale
bien marquée en clair, très-légèrement flexueuse, brisée à la côte. Taches ordinaires noirâtres, bordées de
jaunâtre ; l'orbiculaire oblique. Côte et base des ailes
toujours d'un ton plus clair. Antennes grises, ciliées
dans les mâles, et filiformes dans les femelles. Ailes
inférieures d'un gris obscur, avec une lunule centrale
et le bord terminal plus foncé. — ♀ semblable.

Chenille sur le chêne et quelquefois sur l'aubépine,
en juillet, août et septembre. Papillon en février et
mars. Très-commun partout.

Aᴮ. *Fuscatus*, Haw.

D'un brun-hépathique-noirâtre absorbant tous les dessins et souvent la subterminale. Ailes inférieures plus foncées.

Aᴮ. *Collinita*, Esp.

D'un gris teinté de rougeâtre et sablé d'atomes obscurs. Ombre médiane ferrugineuse, vague mais continue. Ligne subterminale pâle, interrompue, et n'étant bordée de brun qu'au sommet et vis-à-vis de la cellule. Série de points qui suit la coudée toujours visibles.

Aᴮ., *Nebulosus*, Haw.

Ailes supérieures d'un gris lilas ou d'un gris de lin. Ombre médiane très-arrêtée, très-foncée et interrompue au milieu. Trois points ferrugineux sur la subterminale. Séries de points très-nettes. Ligne extrabasilaire ferrugineuse et assez bien écrite. Thorax d'une teinte rosée.

Toutes ces ab. et beaucoup d'autres intermédiaires, se rencontrent avec le type et souvent aussi communément.

Oᴾɪᴍᴀ, Hb., Gn.

35 à 39ᵐ. Assez voisine d'*Incerta*, dont elle diffère par sa taille, ordinairement plus petite ; ses ailes supérieures plus aiguës à l'angle apical, d'un gris de lin clair, avec tous les dessins d'un brun hépatique et la frange teintée de la même couleur ; ligne subterminale peu brisée à la côte, presque droite, ombrée dans toute sa longueur et sans taches saillantes ; espace médian plus rétréci inférieurement, toujours plus foncé. Ailes infé-

rieures rarement marquées d'une tache cellulaire en dessus.

La chenille vit en juin sur le saule marceau (*Salix caprea*), et le papillon éclôt au printemps suivant, il est rare en France, et n'a encore été signalé, à notre connaissance, que dans le département de l'Indre, *Maurice Sand*.

Populeti, Fab., Dup.

35ᵐ. Voici encore une espèce voisine de l'*Incerta*, *dont elle diffère principalement par ses antennes pectinées*. Ailes supérieures d'un cendré-violâtre. Lignes médianes brunes, courbes et très-sinueuses; subterminale peu marquée en clair et précédée de petites taches brunes ou noires. Taches ordinaires remplies de gris-noirâtre, finement bordées de jaunâtre, la réniforme toujours très-distincte. Ailes inférieures d'un gris-roussâtre, uniforme, plus ou moins foncé, avec la frange plus claire. — ♀ semblable.

Chenille peu connue, vivant sur les peupliers et les trembles, au pied desquels on trouve la chrysalide pendant l'hiver. Papillon en mars et avril sur le tronc des mêmes arbres; toujours assez rare; Paris, Autun, *Constant; Alsace, de Peyerimhoff; assez commun dans l'Indre, Maurice Sand; Aube, Jourdheuille*.

Stabilis, S.V., Dup.

34ᵐ. Ailes supérieures plus arrondies que chez les espèces précédentes, d'un jaune-ocracé-roussâtre, ou d'un testacé jaunâtre, avec l'extrémité des nervules plus claires et une fine ligne terminale festonnée. Ligne subterminale seule visible, d'un jaune clair liseré de roussâtre, très-peu sinuée et à peine brisée au sommet. Taches ordinaires, grandes, nettes, très-distinctes et bordées de jaune ; la réniforme un peu salie de gris à sa partie inférieure. Ailes inférieures noirâtres avec la frange jaunâtre. Antennes du mâle pectinées. — ♀ semblable ; antennes simples.

Chenille en mai et juin principalement sur le chêne et l'orme ; elle ressemble beaucoup à celle de l'*Incerta* avec laquelle elle vit, mais elle s'en distingue facilement par un trait crucial jaune, placé sur le onzième anneau. La chrysalide passe l'hiver et le papillon éclôt en mars de l'année suivante. Commun partout.

Aʙ. *Junctus*, Haw.

Ne diffère du type que par les taches ordinaires qui sont contiguës.

Gʀᴀᴄɪʟɪs, S.V., Dup.

37ᵐ. Ailes supérieures assez allongées à l'angle apical, d'un gris-pâle, un peu rougeâtre, avec les lignes médianes peu marquées ; la coudée remplacée par une série de points noirs ; la subterminale jaunâtre, légèrement flexueuse, ombrée de brun intérieurement. Taches ordinaires grises, plus ou moins bien marquées et bordées de jaunâtre. Frange précédée d'une fine ligne noire, festonnée. Ailes inférieures d'un gris-pâle avec le bord terminal noirâtre, et quelques points noirs formant une ligne courbe sur le disque. Antennes faiblement pectinées. — ♀ semblable ; antennes filiformes.

Chenille en mai et juin sur différentes plantes basses et aussi sur le chêne. Papillon en mars et avril; en battant les arbres. Presque toute la France, mais assez rare partout.

Ab. *Pallida*, Stph.

D'un ton plus uni, plus rosé, et presque sans atomes noirs.

Ab. B, Gn.

D'un gris-bleuâtre ardoisé. La subterminale ombrée, des deux côtés, de ferrugineux; la tache réniforme souvent entièrement remplie de noirâtre; les ailes inférieures plus noires, à lunule très-marquée.

Miniosa, S.V.,Dup.

30 à 32^m. Ailes supérieures d'un gris saupoudré de rougeâtre, avec tout l'espace médian plus foncé. Lignes médianes brunes, éclairées de gris-pâle d'un seul côté; l'extrabasilaire formant plusieurs courbes; la coudée arrondie par en haut, festonnée et se rapprochant de l'extrabasilaire vers le bord interne; la subterminale rougeâtre, plutôt maculaire que continue, légèrement ondulée. Frange précédée d'une série de petits points noirs. Taches ordinaires grises, souvent peu marquées, bordées de rougeâtre clair, la réniforme longue, étroite, peu rétrécie dans son milieu. Ailes inférieures d'un blanc rosé ou carné, légèrement lavées de rougeâtre au bord terminal, avec un point central et une ligne transverse plus obscurs et souvent peu marqués. Antennes pectinées dans les ♂ simples dans les ♀ qui sont semblables pour la couleur et les dessins.

La chenille de cette espèce est encore plus jolie que que l'insecte parfait; elle vit par petits groupes dans sa jeunesse, sur le chêne, en mai. Elle est assez commune, mais elle est très-souvent ichneumonnée, et réussit mal. Le papillon éclôt en mars et avril; on le fait facilement tomber en battant les chênes avec le maillet; il est plus rare que la chenille, mais se trouve néanmoins dans toute la France.

MUNDA, S.V., Gn. *Lota*, Hb., Dup.

35 à 40^m. Très-variable pour la taille et pour la couleur, qui est tantôt d'un jaune-d'ocre-rougeâtre, tantôt d'un gris-testacé, avec toutes les lignes et les taches presque toujours oblitérées; la subterminale précédée d'une série de taches noires, ordinairement au nombre de six, et disposées par paires, dont les deux plus grosses vis-à-vis de la cellule et persistant presque toujours; les quatre autres plus petites, manquant quelquefois, et souvent réduites aux dernières. Ces taches feront toujours facilement reconnaître cette espèce. Ailes inférieures participant de la couleur des supérieures mais plus grisâtres. Antennes ciliées dans les deux sexes, mais plus fortement dans le mâle que dans la femelle qui est semblable pour le reste.

Chenille sur le chêne en juin et juillet. Pendant le jour elle descend souvent sur le tronc et se tient cachée entre les rides de l'écorce; elle est généralement plus commune que l'insecte parfait; celui-ci éclôt en mars et avril et se trouve dans toute la France.

CRUDA, S.V., *Ambigua*, Hb., Dup.

30^m. Ailes supérieures d'un gris-rougeâtre, ou d'un gris-testacé, uniforme, avec les lignes médianes plus ou moins bien marquées, et formées par des points noirs. Subterminale souvent dessinée en clair. Tache réniforme, étroite, grise ; orbiculaire presque toujours nulle. Ailes inférieures noirâtres ou grisâtres avec la frange plus claire. Antennes pectinées dans les mâles, filiformes dans les femelles, qui sont semblables pour les dessins et la couleur.

Chenille en juin et juillet sur le chêne et aussi sur l'orme et le tilleul ; elle est très-commune ainsi que le papillon, qui éclôt en mars et avril.

Genre ORTHOSIA, Tr.

Antennes des mâles plus ou moins fortement pubescentes, presque toujours simples, rarement dentées. Palpes droits, courts, leur deuxième article grêle, velu, souvent bicolor, le troisième très-court et perdu dans les poils du second. Spiritrompe courte. Thorax subarrondi, velu lissé. Abdomen lisse, peu velu, terminé très-carrément dans les mâles. Pattes assez longues, légèrement velues. Ailes supérieures entières, assez aiguës à l'angle apical, lisses, parfois luisantes, avec les lignes et taches assez visibles, la réniforme salie de noirâtre inférieurement, disposées en toit très-incliné dans le repos (*Guenée*).

Les chenilles des *Orthosia* sont cylindriques, rases, épaisses, veloutées ; elles vivent sur les arbres ou les plantes basses, et se retirent pendant le jour dans les crevasses ou sous les écorces, ou au bas dans les brousailles.

Ruticilla, Esp., *Serpylli*, Hb., Dup., *Ilicis*, Bdv., Dup.

30ᵐ. Ailes supérieures coupées un peu carrément au bord terminal, d'un gris-rougeâtre avec tous les dessins bien marqués, la ligne extrabasilaire très-ondulée, la coudée flexueuse, la subterminale claire et distincte. Taches ordinaires ferrugineuses, bordées de bleuâtre, avec un point noir à la base de la réniforme. Frange séparée du bord terminal par une série de points noirs. Ailes inférieures d'un gris-foncé, un peu plus clair à la base. — ♀ semblable.

Ab. A. Hub.

Ailes supérieures d'un rouge-argileux, lignes médianes peu distinctes, subterminale presque nulle ; points toujours nets ainsi que le noir de la réniforme.

Ab. B. Gn.

D'un gris-noisette uni, avec tous les dessins oblitérés, ainsi que le point noir de la réniforme.

La chenille vit en mai et juin sur le chêne vert (*Quercus Ilex*) ainsi que sur le chêne liége (*Quercus suber*), en Provence et dans les Pyrénées-Orientales. M. Guenée l'a trouvée dans l'île de Noirmoutiers, sur les yeuses qui croissent au bord de la mer. Le papillon éclôt en octobre.

Lævis, Hb.

32ᵐ. Ailes supérieures d'un gris plus ou moins teinté de rosé, avec toutes les lignes jaunâtres, bordées de ferrugineux, la coudée suivie d'une série de petits points noirs. Taches ordinaires bien marquées, plus foncées que le fond, bordées de jaune-clair ; un point noirâtre à la base de la réniforme. Frange précédée d'une ligne de petites lunules noires. Ailes inférieures grises avec la frange plus claire.

La chenille est peu connue et vit, dit-on, sur le chêne. Le papillon éclôt en septembre ; il est rare et peu répandu. Paris, Fontainebleau, Saône-et-Loire, *Constant.*

SUSPECTA. Hb., *Congener*, Dup., *Lævis*, Dup.

31^m. Ailes supérieures d'un jaune-d'ocre-pâle, avec l'espace médian et l'ombre médiane nuancés de ferrugineux, la côte, la base et le bout de la cellule d'un brun-rougeâtre ou violâtre. Lignes médianes plus ou moins distinctes ; la coudée suivie d'une série de points bien marqués ; la subterminale vague, interrompue, bordée de foncé vis-à-vis de la cellule et au bord interne. Taches ordinaires bordées de clair, le noir qui salit la réniforme, confondu avec la teinte sombre du bout de la cellule. Frange concolore, précédée d'une série de points triangulaires noirs. Ailes inférieures d'un gris-noirâtre avec les traces d'une grosse tâche cellulaire très-visible en dessous. Antennes ciliées. — ♀ ailes supérieures d'un gris-obscur nuancé de brun-rougeâtre ou violâtre sur presque toute la surface de l'aile.

Nous ne connaissons pas la chenille de cette espèce qui est très-rare en France. Papillon en août et septembre. Environs de Paris, *Guenée, Goosens ;* Autun, *Constant.*

12.

Ypsilon, S.V., Dup.

35 à 37^m. Ailes supérieures d'un gris-obscur, ou d'un gris-rougeâtre, uniforme, sans lignes médianes bien distinctes ; la subterminale seule bien marquée en jaunâtre, très-sinueuse, bordée de quelques petites taches noirâtres, vis-à-vis de la cellule. Taches ordinaires assez grandes, un peu plus claires que le fond, se touchant par en bas, et séparées par deux traits noirs formant un Y, caractère qui sert à distinguer cette espèce ; l'orbiculaire est, en outre, bordée extérieurement d'un arc noir ; la claviforme est bordée de noir, elle se joint par sa base, à un trait basilaire, et elle est suivie d'une ou de deux petites lignes, le tout noir. Frange jaunâtre entrecoupée de gris. Antennes filiformes dans les deux sexes. — ♀ semblable.

La chenille est commune en mai sur les peupliers et les saules ; elle se tient cachée pendant le jour sous les lichens et les mousses qui tapissent ces arbres, et souvent aussi sous les écorces. Le papillon éclôt en juin, juillet et août ; il se prend facilement à la miellée. Commun.

Lota, L., Dup. (Pl. 38, fig. 4.)

33^m. Ailes supérieures d'un gris-brun, et quelquefois d'un brun-rouge, avec une ombre médiane plus foncée. Lignes médianes peu visibles, la coudée suivie d'une série de petits points noirs ; la subterminale d'un rouge-brun, droite, brisée à la côte, et éclairée de jaunâtre extérieurement. Taches ordinaires bordées de brun-rouge, peu marquées : *la réniforme avec un gros point noir à sa base.* Ailes inférieures d'un gris-noirâtre, avec deux bandes transverses, très-vagues et plus obscures, frange jaunâtre. — ♀ semblable, souvent un peu plus grande.

La chenille vit en mai et juin sur différentes espèces de saules, elle n'est pas rare dans une grande partie de la France, car nous la trouvons indiquée dans les localités suivantes : Paris, Autun, Auvergne, Gironde, Aube, Indre, Doubs, Landes, Pyrénées-Orientales, Charente, nous l'avons prise abondamment dans le Jura et à Pontarlier, bien que M. Guenée n'indique que le nord de l'Europe. Papillon en septembre et octobre, moins commun que la chenille.

Macilenta, Hb., Dup.

31ᵐ. Exactement semblable à *Lota* pour les dessins, différente seulement par la taille et la couleur. Ailes supérieures d'un fauve-rougeâtre, avec le point noir de la base de la réniforme, et un autre point noir plus petit à la base des ailes nettement accusés. Ailes inférieures grises avec une lunule centrale et une bande transverse vague, plus obscures. Frange et extrémité de l'abdomen jaunâtres. — ♀ semblable.

Chenille en mai et juin dans les mousses et les feuilles sèches au pied des hêtres ; elle vit dit-on dans sa jeunesse dans les chatons de cet arbre, et probablement aussi sur les saules et les peupliers. Papillon en septembre et octobre ; il est moins commun et moins répandu que *Lota*. Paris, Fontainebleau, Compiègne, Indre, Gironde, Saône-et-Loire, Auvergne, se prend facilement à la miellée.

Genre ANCHOCELIS, Gn.

Antennes à tige simple, pubescentes, à poils serrés. Palpes des *Orthosia*. Ailes supérieures entières, aiguës à l'angle apical, un peu luisantes, à nervures plus claires que le fond, à lignes distinctes, à taches petites, très-nettes, la réniforme rétrécie et comme étranglée au milieu; à ailes en toit dans le repos. Chenilles cylindriques, veloutées, médiocrement allongées, à lignes distinctes; vivant presque exclusivement de plantes basses sous lesquelles elles se cachent pendant le jour. Chrysalides enterrées.

HÆMATIDEA, Dup.

34^m. Ailes supérieures très-aiguës à l'angle apical, d'un rouge-brun foncé avec les lignes entièrement absorbées par la couleur du fond; la subterminale seule indiquée par une série de points noirs. Taches ordinaires ferrugineuses, l'orbiculaire très-oblique. Frange d'un rouge plus pâle que le fond de l'aile et précédée d'une ligne noire interrompue par les nervures. Ailes inférieures d'un gris-noirâtre, avec la frange rougeâtre. Abdomen avec un bouquet de poils fauves à son extrémité.

Cette espèce dont la chenille est inconnue, est très-rare. France centrale, département des Landes, Indre-et-Loire.

RUFINA, L., Dup. (pl. 38 fig. 3.)

33 à 37^m. Ailes supérieures d'un jaune-fauve, nuancé de rougeâtre, avec la base, l'ombre médiane qui est anguleuse, et l'espace subterminal d'un fauve-

rouge. Lignes médianes brunes, bordées de clair intérieurement ; l'extrabasilaire très-ondulée ; la coudée
légèrement courbe et formée de petites lunules ; la
subterminale peu ondulée, claire et précédée d'une
série de taches cunéiformes brunes, toujours assez
bien marquées. Les taches ordinaires ne sont pas
étroites comme dans les autres espèces du genre ; elles
sont assez grandes, grisâtres et bordées de clair ; la
réniforme a sa partie inférieure tachée de brun ; l'orbiculaire est oblique. Tout l'espace terminal est, en
outre, traversé par les nervules, qui sont brunes et
plus ou moins bien marquées. Frange concolore.
Ailes inférieures grises, avec une bande d'un fauve
clair au bord terminal et la frange concolore ou un
peu plus claire. Thorax de la couleur des supérieures.
Abdomen gris avec son extrémité rougeâtre. — ♀ semblable.

La chenille est très-jolie et vit en mai sur le chêne.
Le papillon éclôt depuis le mois d'août jusqu'en octobre, il n'est pas rare dans presque toute la France et
se prend facilement à la miellée, et le soir sur les
fleurs du lierre.

Pistacina, S.V., Dup.

35 à 38ᵐ. Cette espèce est très-variable ; le type
comprend les individus dont les ailes supérieures sont
d'un brun-clair ou grisâtre, avec la base plus pâle et
les espaces terminal et subterminal plus foncés ; le
tout très-saupoudré d'atomes noirâtres. Lignes plus ou
moins bien marquées ; la subterminale seule nette-

ment dessinée en clair, et terminée à la côte par une tache subtriangulaire brune. Nervures assez bien écrites en clair. Côte ayant quelquefois son milieu liseré de blanc. Taches ordinaires *très-étroites*, brunes, bordées de clair ; l'orbiculaire ne consistant souvent que dans un trait noirâtre placé très-obliquement. Ombre médiane brune, étroite, formant un angle qui vient toucher la réniforme. Ailes inférieures grises avec la frange plus claire. — ♀ semblable.

Chenille en avril et mai sur différentes plantes basses, et quelques fois aussi sur les ormes qui bordent les routes. Papillon en septembre et octobre. Commun.

Ab. *Lychnidis*, Fab., Dup.

Ailes supérieures ferrugineuses, avec les nervures bien écrites en clair.

Ab. *Canaria*, Esp.

Grande, d'un gris noirâtre ou olivâtre, sans mélange de ferrugineux, avec les nervures très-distinctes et les dessins fortement tracés.

Ab. *Rubetra*, Esp.

D'un fauve-rouge gai, presque uni et sans dessins, avec les nervures concolores, la côte presque toujours blanche, et tachée de noir à l'origine des lignes ; taches très-étroites et bien écrites en noirâtre. Assez commune.

Ab. *Serina*, Esp.

D'un jaune-ocracé très-pâle, à nervures et à côte concolores, celle-ci ponctuée de noir comme *Rubetra*.

France méridionale, Indre, *Maurice Sand.*

Nitida, S.V., Dup.

33 à 35ᵐ. Ailes supérieures d'un fauve vif, avec les nervures et les lignes médianes peu marquées ; ondulées, géminées, *formées de petites lunules noires placées entre les nervures ;* subterminale plutôt maculaire que lunulée. Ombre médiane brune, vague, un peu mieux marquée depuis la réniforme, jusqu'au bord interne. Taches ordinaires noirâtres, bordées de clair. Frange rougeâtre, festonnée et finement bordée de noir. Ailes inférieures d'un brun teinté de rougeâtre avec la frange fauve. — ♀ semblable.

La chenille se trouve sur différentes plantes basses et particulièrement le long des hampes de la primevère, en mars et avril. Le papillon éclôt en septembre et octobre, il est assez rare et peu répandu. Environs de Paris, Normandie, Saône-et-Loire ; *Constant ;* Aube, *Jourdheuille ;* Rennes, *Oberthur.* Se prend à la miellée.

Ab. A., Gn.

D'un brun un peu ferrugineux, plus ou moins mélangé de gris-testacé, avec les taches médianes très-nettement cerclées de jaune-clair, et les lignes et l'ombre médiane toujours très-marquées ; la frange des inférieures et l'extrémité de l'abdomen plutôt rosés que fauves. Avec le type.

Humilis, S.V., Dup.

34ᵐ. Ailes supérieures d'un gris-cendré, avec le bord interne très-finement liseré de rouge-rosé. Lignes médianes claires, bien continues et non lunulées comme chez *Nitida*. Taches concolores, très-nettes, cerclées de jaunâtre ; la réniforme large, nullement étranglée, plutôt ovalaire que réniforme ; point salie de noirâtre intérieurement ; bord terminal bordé de traits noirs, que surmontent des petits points noirs qui les doublent. Ombre médiane bien accusée. Ailes inférieures cendrées, presque unies, avec la frange plus claire. — ♀ semblable.

La chenille vit sur le chiendent et le laiteron, ainsi que sur d'autres plantes basses ; elle est très-rare ainsi que l'insecte parfait. Bords du Rhin, Saône-et-Loire, *Constant ;* Aube, *Jourdheuille.*

LUNOSA, Haw., Gn., *Subjecta*, Dup.

33ᵐ. Ailes supérieures d'un gris-noirâtre, avec les nervures et les lignes médianes d'un jaune-clair, le tout bien marqué. Extrabasilaire angulaire à la côte, et légèrement ondulée dans le reste de son étendue ; coudée très-peu arquée ; ces deux lignes liserées de noirâtre ; subterminale claire, flexueuse, bordée intérieurement par une série de taches triangulaires noires, plus ou moins bien marquées, mais toujours bien écrites à la côte, près de l'angle apical. Taches ordinaires d'un brun-noir, bordées de jaune-clair. Ailes inférieures d'un blanc-luisant, avec une lunule discoïdale et une série marginale de taches noirâtres ; ces taches plus ou moins bien marquées selon les individus. Frange blanchâtre, précédée d'une ligne noire interrompue par les nervures. Abdomen teinté de noir en dessus. — ♀ semblable mais avec les ailes inférieures plus noirâtres, surtout sur les nervures.

La chenille vit en avril dans les endroits arides et élevés, elle mange des graminées et se cache sous les pierres. Papillon en août et septembre ; assez répandu mais généralement peu commun. Ouest et centre de la France ; Paris, *Goosens ;* Châteaudun, *Guenée ;* Rennes, *Oberthur ;* Charente, *Delamain ;* Landes, *Lafaury ;* Indre, *Maurice Sand ;* Auvergne, *Guillemot ;* Saône-et-Loire, *Constant.*

Ab. A, *Neurodes*, H. S., Gn.

Ailes supérieures, tête et thorax d'un jaune-brunâtre, verdâtre ou roussâtre ; avec l'ombre médiane, les liserés des lignes et le dedans des taches, d'un brun plus foncé. Taches noires de la subterminale plus apparentes. Abdomen d'un jaune-ocracé sale. Centre de la France ; commun dans l'Indre, *Maurice Sand.*

Ab. B, Gn.

Ailes supérieures d'un roux-ferrugineux, sans aucuns dessins autres que la série de points de la subterminale, qui est d'un noir tranché. Centre de la France en juillet.

Litura, L., Dup.

35^m. Ailes supérieures grises depuis la base jusqu'à l'ombre médiane, d'un gris-rougeâtre dans le reste de leur étendue, ces deux nuances se fondant insensiblement ensemble. Lignes médianes plus ou moins bien marquées ; l'extrabasilaire brune, géminée, très-ondulée ; la coudée arrondie, peu visible chez la plupart des individus ; la subterminale claire, flexueuse, bien marquée à la côte par deux taches triangulaires noires, dont l'inférieure plus grande. Trois autres taches costales noires, à l'origine des lignes. Frange concolore, précédée d'une ligne festonnée, peu marquée. Ombre médiane rousse, s'élargissant à partir des taches jusqu'à la côte, de manière à former un triangle. Taches ordinaires d'un brun-violâtre, bordées de gris-jaunâtre; la réniforme oblongue, coupée carrément à sa base; l'orbiculaire ovale, assez grande, oblique. Ces deux taches se touchent à leur base et divergent par en haut, ce qui forme le triangle dont nous avons parlé. Ailes inférieures d'un gris-obscur avec la frange plus claire. Abdomen avec ses côtés et son extrémité garnis de poils rougeâtres. — ♀ semblable.

La chenille vit en mai sur les plantes basses; se tient cachée pendant le jour sous les feuilles sèches et les broussailles, surtout au pied des genêts. Papillon en août et septembre, presque toute la France, mais peu commun.

Genre CERASTIS, Och.

Antennes plus ou moins pubescentes, avec un cil plus long par chaque articulation. Palpes incombants, courts, velus, à dernier article à peine visible. Thorax peu convexe, arrondi, velu. Abdomen très-déprimé, élargi, velu latéralement, semblable dans les deux sexes. Ailes luisantes et lisses, les supérieures festonnées, à angle apical carré et bord terminal arrondi inférieurement; au repos les supérieures recouvrent les inférieures et sont disposées presque parallèlement au

plan de position. Chenilles allongées, cylindriques, atténuées en avant, de couleur brune ou rougeâtre, vivant de plantes basses, et cachées comme celles du
genre précédent, mais seulement dans l'âge adulte.
Dans leur jeunesse elles préfèrent les jeunes pousses
des arbres, et ce n'est qu'après la deuxième ou troisième
mue qu'elles descendent à terre.

Daubei, Dup. *Buxi*, Bdv., Gn.

32^m. Ailes supérieures d'un jaune-d'ocre-pâle, avec
les lignes médianes indiquées seulement par des atomes noirs, à la côte et au bord interne; subterminale
indiquée par une série de points noirs, bien mieux
marqués. Ombre médiane peu distincte, mais continue. Tache réniforme formée de quelques petits traits
noirâtres, plus prononcés à sa partie inférieure. Orbiculaire nulle. Frange concolore précédée d'une série de
points noirs bien marqués. Ailes inférieures noirâtres
avec le bord antérieur et la frange ocracés. — ♀ semblable, mais un peu plus grande.

La chenille vit en mai sur le buis, *Buxus sempervi-*
rens, dont elle ronge les jeunes pousses. Pendant le
jour elle se tient cachée au centre des touffes, et de-
meure accrochée aux grosses branches de buis; pendant la nuit elle monte au sommet des jeunes rameaux.
Elle s'enterre à la fin du mois, et ne se métamorphose
cependant qu'à la fin de septembre. Le papillon éclôt
en novembre et quelquefois en décembre. Il a été découvert ainsi que sa chenille aux environs de Montpellier, par M. Daube. Toujours assez rare.

Intricata, Bdv., Dup.

35^m. Ailes supérieures d'un gris-cendré, chargé de nombreux atomes bruns, avec les nervures et le contour des taches ordinaires d'un gris plus clair. On voit plusieurs taches brunes le long de la côte, dont celle du milieu se réunit à la réniforme; la partie inférieure de celle-ci est marquée d'un point noirâtre. Une série de lunules brunes, bordées de gris clair, traverse l'extrémité de l'aile à peu de distance du bord terminal. Frange d'un brun-roussâtre. Ailes inférieures d'un gris luisant uni, avec la frange plus claire. Antennes rousses.

Ne connaissant pas cette rare espèce, nous en empruntons la description à Duponchel. Elle a été trouvée en Provence, en septembre.

Vaccinii, L., Dup.

32^m. Ailes supérieures d'un jaune-fauve, nuancé de ferrugineux-marron à la base, et à la côte, et saupoudré d'atomes de même couleur sur le disque. Lignes médianes distinctes, denticulées, claires, liserées de foncé, presque parallèles; subterminale remplacée par une série de points bruns, bien marqués. Taches ordinaires plus claires, quelquefois un peu plus foncées et bordées de clair. La réniforme, et souvent l'orbiculaire, tachées par en bas de noir-ardoisé. Ombre médiane d'un brun-ferrugineux. Ailes inférieures noirâtres, nuancées de rougeâtre avec la frange de cette même couleur, et une ligne médiane foncée. — ♀ semblable.

La chenille vit de plantes basses en mai et juin; elle est assez commune au pied des chênes, sous les mousses, et sous les feuilles sèches, ainsi que le papillon. Celui-ci éclôt en octobre, novembre, décembre et janvier; il hiverne et reparaît en mars et avril.

Ab. *Polita*, S.V.

D'un rouge-ferrugineux uni, avec les dessins plus foncés, les taches concolores, ainsi que la frange. Ailes inférieures comme le type.

Cette espèce varie beaucoup; on trouve quelquefois des individus avec les ailes entièrement jaunes; les lignes seules et le bord terminal ferrugineux : d'autres d'un jaune gai, marbré irrégulièrement et surtout sur le disque de ferrugineux-foncé, dans lequel sont perdus la plupart des dessins. Toutes ces ab. se trouvent avec le type, mais plus ou moins communément.

Spadicea, Gn. *Polita*, Dup.

Taille de *vaccinii* dont elle est très-voisine, mais bien distincte selon M. Guenée. Les ailes supérieures sont plus aiguës à l'angle apical et coupées plus carrément au sommet du bord terminal, d'un ferrugineux-foncé, uniforme, avec les lignes d'un brun-rouge foncé, souvent éclairées de gris-cendré. Les ailes inférieures sont d'un noirâtre uni, parfois éclairées au bord terminal, *mais jamais traversées par une ligne médiane claire;* frange carnée et liserée de brun à son extrémité.

Chenille en mai sur les plantes basses comme la précédente; dans sa jeunesse elle vit sur le prunellier, l'aubépine, la bruyère, se cache pendant le jour sous les feuilles sèches et sous les pierres. Papillon en septembre et octobre, et en avril selon M. *Maurice Sand*. Moins répandue que vaccinii, sans doute parce qu'elle aura été confondue avec elle.

Aʙ. *Ligula*, Esp. *Dolosa*, Dup.

Ailes supérieures d'un brun-brûlé très-luisant et très-foncé, avec l'espace subterminal formant une bande bien tranchée d'un cendré-clair, sur laquelle se dessinent les points noirs. Avec le type, mais plus rare.

Aʙ. *Brigensis*, Bdv.

Ailes supérieures paraissant plus oblongues, d'un cendré plus ou moins lavé de rougeâtre, avec tous les dessins oblitérés. Ailes inférieures cendrées, avec la frange presque concolore. Basses-Alpes.

Erythrocephala, S. V., Dup.

36ᵐ. Ailes supérieures d'un gris-marron ou noisette, avec la base et la côte, souvent un peu plus grisâtres. Lignes médianes presque nulles ; la coudée géminée et très-faiblement indiquée ; la subterminale formée de petites lunules brunes placées entre les nervures, liserée extérieurement de clair et terminée à la côte par une tache brunâtre subtriangulaire. Taches ordinaires d'un gris-ardoisé, bordées de jaunâtre. La réniforme assez grande, souvent accompagnée dans son pourtour extérieur et inférieur de plusieurs petites taches très-noires ; l'orbiculaire petite, ronde ; ces deux taches assez éloignées l'une de l'autre. Frange concolore, souvent un peu plus foncée, festonnée et précédée d'une ligne brune également festonnée. Thorax de la couleur des supérieures ; tête et partie antérieure du collier d'un fauve-rougeâtre, d'où le nom d'*Erythrocephala* (tête rouge) donné à cette espèce. Ailes inférieures d'un gris - noirâtre avec la frange rougeâtre. — ♀ semblable.

La chenille vit en mai sur toutes les plantes basses ; nous l'avons trouvée quelquefois abondamment à Fontainebleau sous les mousses, les feuilles sèches, les morceaux de bois couchés sur le sol, en compagnie de celle de vaccinii ; elle s'élève très-facilement. Le papillon éclôt en septembre et octobre ; il hiverne et reparaît en mars et avril. Toute la France, mais assez rare dans beaucoup de localités.

Ab. *Glabra*, S.V., Dup.

Diffère du type par sa couleur qui est d'un brun-violet très-foncé, avec la base, la côte et l'espace subterminal jaspés de gris-rougeâtre. *Taches ordinaires se détachant vivement en gris clair sur la couleur brune du fond ;* la réniforme marquée de taches noires comme dans le type ; l'espace subterminal souvent aussi du même gris clair, et formant une bande très-bien marquée. Thorax de la couleur des supérieures ; tête et collier fauves. Avec le type, mais moins commun.

Silene, S.V., Dup., (pl. 38, fig. 6.)

32 à 35^m. Ailes supérieures d'un gris uni, plus ou moins teinté de ferrugineux, avec les nervures plus claires. Lignes nulles, marquées seulement à la côte par des points rougeâtres, ainsi que l'ombre médiane. Taches ordinaires finement dessinées en clair ; la réni-

forme marquée extérieurement et inférieurement de taches noires, dont une plus grosse ; l'orbiculaire marquée aussi de noir dans sa partie inférieure. Ces taches
sont séparées par les nervures et le nombre en est très-
variable. Frange bordée d'une ligne claire, précédée
d'une série de points bruns. Ailes inférieures d'un gris-
pâle avec une lunule centrale et le bord marginal un
peu plus obscurs. — ♀ semblable.

La chenille vit en avril et mai sur les plantes basses,
les buissons, l'aubépine, le prunellier, mais c'est sur le
groseiller épineux qu'on la trouve le plus communément. Le papillon éclôt en septembre et octobre. Toute
la France, mais moins commun que *vaccinii ;* troncs
d'arbres, chaperons des murs, miellée, etc.

Aʙ. A. Gn., *Gallica*, Led.

Lignes oblitérées ; *taches ordinaires complètement concolores et sans taches noires ;* deux nuances rougeâtres
persistant seules à la côte, l'une à la subterminale, l'autre à l'ombre médiane. Midi de la France, Saône-et-
Loire, *Constant.*

Nous ne connaissons cette variété que par la figure
qu'en a donnée M. H. S. comme var. de *Silene*, et dont
M. Lederer a fait une espèce sous le nom de *Gallica*. Elle
est très-rare jusqu'à présent, peut-être parce qu'elle a
été confondue avec *Silene.*

Genre SCOPELOSOMA, Curt.

Antennes garnies de cils courts et fasciculés dans les
mâles, isolés dans les femelles. Toupet frontal épais,
serré, coupé carrément et semblant ne faire qu'un avec

les palpes. Ceux-ci courts, velus, à troisième article très-court, et perdu dans les poils du second. Thorax carré, à collier un peu saillant et suivi d'une petite crête qui forme carène avec lui. Abdomen lisse, très-déprimé, velu latéralement et presque semblable dans les deux sexes. Ailes supérieures oblongues, ayant les deux bords presque parallèles, le terminal denté. Ailes inférieures festonnées; port d'ailes des *Cerastis* dans le repos. Chenilles rases, cylindriques, très-atténuées antérieurement, assez allongées, veloutées, à lignes presque nulles, vivant de plantes basses, mais carnassières.

Satellitia, L., Dup., Gn., (pl. 38, fig. 5.)

40^m. Ailes supérieures oblongues, arrondies au bord terminal et fortement festonnées, d'un brun-roux ou d'un fauve-roux, avec quelques teintes violâtres. Lignes médianes fines, noires; l'extrabasilaire presque droite; la coudée presque parallèle avec son milieu saillant et denté; la subterminale claire, ondulée, bordée de foncé; l'ombre médiane bien distincte, anguleuse. Tache réniforme seule visible, formée d'un gros point blanc, au-dessus et au-dessous duquel on en voit deux autres très-petits; ces points quelquefois d'un jaune-rougeâtre ou safrané. Ailes inférieures d'un gris-noirâtre uni, avec la frange claire. — ♀ ne différant du ♂ que par son abdomen moins carré à l'extrémité.

La chenille vit dans dans sa jeunesse entre les samares des ormes, sur le chêne, l'aubépine, la ronce, etc.; dans l'âge adulte elle vit de plantes basses comme les orthosides; c'est surtout au pied des ormes, sous les feuilles sèches et les broussailles qu'on la trouve le plus communément. Cette chenille est très-vorace ; en captivité elle dévore les autres chenilles, et n'épargne pas même celles de son espèce. Le papillon éclôt en septembre et octobre ; il est moins commun que sa chenille, mais se trouve néanmoins partout.

Genre DASYCAMPA, Gn.

Ce genre ne diffère des *Cerastis* que par les chenilles qui sont couvertes de poils fasciculés, abondants, à tête plus petite que le cou, vivant sur les plantes basses et se chrysalidant dans une coque lâche mêlée de terre.

RUBIGINEA, S. V., Dup., Gn. (pl. 38, fig. 8.)

36^m. Ailes supérieures d'un jaune-fauve, avec des ondes transverses plus foncées et des points noirs. Lignes médianes géminées, dentées, interrompues, plus marquées vers le bord interne ; l'extrabasilaire précédée d'un point noir placé sur la nervure sousmédiane ; la subterminale vague, précédée de deux séries de points noirs, et suivie de nuances plus foncées, puis d'une autre série de lunules noires terminales. Taches indistinctes ; réniforme avec un gros point noir à sa base. Ailes inférieures d'un gris-noir uni avec la frange d'un fauve-rosé. — ♀ semblable.

Chenille en mai sur le pommier, le genêt et différentes plantes basses, mais principalement les chicoracées. Papillon en septembre et octobre, hiverne et reparait en avril ; il butine le soir sur les fleurs du saule marceau, et se prend aussi à la miellée. Presque toute la France, mais assez rare partout.

Staudingeri, de Graslin.

31ᵐ. Coupe d'ailes de Rubiginea, mais un peu plus petite. Ailes supérieures d'un cendré bleuâtre, chatoyant très-légèrement en violâtre, finement saupoudré d'atomes d'un brun-noir. Demi-ligne peu visible, un peu plus claire que la couleur du fond ; extrabasilaire mieux visible, liserée de brun-noir ; ombre médiane très-bien marquée en brun-noir, s'avançant en angle aigu sous la réniforme et remplissant l'espace compris entre les deux taches ordinaires ; coudée formée par deux lignes de points d'un brun hépatique, presque liés entre eux ; subterminale d'un brun-noir, assez étroite, arrondie en dehors vers le milieu de l'aile. Taches ordinaires confondues avec la couleur du fond ; réniforme ayant sa partie concave éclairée de gris ; orbiculaire liserée de brun-noir et presque recouverte par des atomes bruns. Frange d'un brun-noir précédée d'une série de points noirs. Ailes inférieures luisantes, d'un gris couleur de chair très-pâle à leur partie supérieure, d'un gris-brun-roussâtre sur le reste ; frange rosée. Abdomen de la couleur des inférieures un peu lavé de fauve à son extrémité. — ♀ semblable.

Chenille vivant sur les plantes basses (*chicoracées* et *plantains*). Papillon en septembre et octobre. Cette espèce qui est nouvelle, a été découverte au Vernet, *Pyrénées-Orientales*, par M. de Graslin.

Genre HOPORINA, Bdv.

Antennes longues, à peine pubescentes dans les mâles. Palpes dépassant fortement le front, droits, rapprochés, formant une sorte de bec avec le toupet frontal qui est très-avancé, plat, légèrement caréné, et incombant. Thorax court, à collier large, muni dans son milieu d'une crête aiguë. Abdomen lisse, très-déprimé dans les deux sexes, à côtés velus. Ailes supérieures creusées à la côte, aiguës à l'angle apical, à lignes et taches distinctes, inférieures sinuées. Chenilles cylindriques, à tête grande et aplatie, marquées de chevrons dorsaux et de deux taches sur le onzième anneau qui est un peu relevé. Chrysalides enterrées.

Croceago, S.V., Dup., Gn. (pl. 38, fig. 7.)

32 à 35ᵐ. Ailes supérieures coupées carrément au bord terminal, d'un fauve-rougeâtre saupoudré de ferrugineux, avec six traits blancs longitudinaux à la côte. Lignes médianes peu marquées; la coudée précédée par une série de petits points noirâtres, et une autre série sur l'extrabasilaire; la subterminale et l'ombre médiane noirâtres; celle-ci très-anguleuse et descendant obliquement de la tache réniforme jusqu'au bord interne. Taches ordinaires se détachant en clair sur la couleur du fond. Frange précédée d'une ligne festonnée noirâtre. Ailes inférieures blanches, avec une lunule cellulaire et une ligne médiane peu marquée, très-sinuée, rosée. Abdomen blanc. — ♀ semblable.

Chenille en mai et juin sur le chêne. Papillon en septembre et octobre, passe l'hiver et reparaît en mars et avril ; à cette époque on le fait souvent tomber en battant les jeunes chênes qui ont conservé leurs feuilles sèches. Assez commun partout.

Genre XANTHIA, Och.

Antennes à tige simple garnie de cils courts. Palpes droits ; leur second article un peu oblong, velu, le troisième distinct, droit, plus ou moins long. Thorax convexe, subarrondi, à collier relevé, muni d'une crête aiguë ou carénée entre les ptérygodes. Abdomen grêle, un peu déprimé, velu latéralement et carré chez les mâles, terminé en pointe plus ou moins aplatie chez les femelles. Ailes supérieures entières, à angle apical aigu et subfalqué, à fond jaune ou roussâtre, à lignes et taches distinctes, formant un toit très-incliné dans le repos. Chenilles rases, courtes, épaisses, à tête petite et souvent fauve ; de couleurs obscures ; vivant sur les arbres ou dans les chatons des arbres, dans leur jeunesse, et de plantes basses dans leur âge adulte. Chrysalides enterrées.

CITRAGO, L., Dup. (pl. 38, fig. 9.)

33^m. Ailes supérieures d'un jaune citron finement sablé de rouge-ferrugineux, avec les lignes et l'ombre médiane de cette dernière couleur ; l'extrabasilaire très-anguleuse ; la coudée peu arrondie et très-légèrement flexueuse ; la subterminale souvent presque nulle, festonnée. Ombre médiane étroite, bien marquée, subparallèle à la coudée. Taches ordinaires peu marquées ; la réniforme souvent remplie de ferrugineux ; l'orbiculaire ronde, pupillée de ferrugineux. Frange dentée, de la couleur des ailes. Ailes inférieures d'un jaune très-pâle, ainsi que la frange et l'abdomen. — ♀ semblable.

La chenille vit en mai et juin sur le tilleul, dont elle mange les feuilles les plus basses. On se la procure facilement en battant les basses branches, quoiqu'elle ne soit pas commune tous les ans. Le papillon éclôt en août et septembre dans toute la France.

FULVAGO, L., *Cerago*, S.V., Dup , Gn., etc.

33ᵐ. Ailes supérieures d'un jaune-serin ou soufré, avec des taches d'un ferrugineux plus ou moins foncé sur l'espace médian, et sur une partie de l'espace basilaire; lignes ordinaires de la même couleur et confondues dans ces taches ou nuages; la subterminale formant une série isolée de points. Tache orbiculaire évidée; réniforme tachée de noirâtre par en bas et quelquefois pupillée de blanchâtre. Ailes inférieures blanches. Tête et thorax de la couleur des supérieures. — ♀ semblable.

La chenille vit en avril dans les chatons du saule marceau; elle tombe à terre avec ces chatons et vit alors de différentes plantes basses; cependant elle reste quelquefois sur l'arbre dont elle mange les feuilles. La meilleure manière de se procurer cette chenille, est de ramasser les chatons au moment où ils tombent, et avant que les chenilles les aient abandonnés. Le papillon éclôt en septembre et octobre. Assez commun partout où croît le saule marceau.

AB. *Flavescens*, Esp.

Toutes les taches ferrugineuses ont disparu et ne laissent que des traces à peine fauves des lignes ordinaires. Le noir de la réniforme et la subterminale persistent seuls et sont bien marqués. Avec le type et aux mêmes époques, mais toujours assez rare.

Togata, Esp., *Silago*, Hb., Dup., Gn.

30ᵐ. Ailes supérieures d'un jaune vif, avec une tache à la côte près de la base de l'aile, une autre vers le milieu de la côte, et une bande oblique, plus large au bord interne, irrégulièrement découpée, couleur de rouille. On voit, en outre, quelques points de cette même couleur à la place de l'extrabasilaire ; la coudée est festonnée et se dessine en clair sur la bande dont nous venons de parler ; la subterminale est formée par une série de points noirs ; enfin la frange est entrecoupée de ferrugineux. Ailes inférieures d'un blanc légèrement jaunâtre. On distingue toujours facilement cette espèce de la précédente, avec laquelle on pourrait la confondre : 1° à sa taille toujours plus petite ; 2° à sa couleur d'un jaune vif ; et 3° *à sa tête et à son collier qui sont d'un brun-ferrugineux.* — ♀ semblable.

La chenille a les mêmes mœurs que celle de *Fulvago* ; on les trouve souvent ensemble sur le saule marceau, mais elle est plus rare, et reste plus fréquemment sur l'arbre dont elle se nourrit. Le papillon éclôt en septembre et octobre, dans la plupart des localités, car M. Constant indique dans son catalogue les mois de juillet et d'août.

Aurago, S.V., Dup.

32ᵐ. Ailes supérieures d'un jaune-d'or, avec l'espace basilaire, les espaces terminal et subterminal, d'un brun-rouge très-variable pour l'intensité. Sur l'espace médian on voit les deux taches ordinaires dont les contours sont écrits en rouge-ferrugineux, ainsi qu'une ombre médiane, vague et souvent presque nulle. La ligne subterminale se dessine en clair, et forme un angle rentrant très-prononcé vers son tiers supérieur; cette ligne se termine à l'angle apical par une tache de sa couleur. Ailes inférieures d'un jaune-pâle avec une bande vers le bord terminal et la frange lavées de rose. — ♀ semblable.

La chenille vit en mai sur le hêtre, entre les feuilles qu'elle lie ensemble par quelques fils de soie ; ce qui la rend très-difficile à trouver. Le papillon éclôt en août, septembre et octobre ; il est commun, dit-on, dans le Nord, en Auvergne, où il vole le soir en grand nombre à la cîme des hêtres, *Guillemot;* Fontainebleau, Indre, *Maurice Sand;* Saône-et-Loire, *Constant;* Alsace, *de Peyerimhoff;* rare dans ces localités.

Ab. *Fucata*, Esp.

L'espace médian concolor avec le reste de l'aile, les lignes et les taches se dessinant en clair, et souvent en parties absorbées par la couleur du fond. Avec le type, mais toujours plus rare.

Gilvago, Esp., Dup., Gn.

34 à 37ᵐ. Ailes supérieures d'un jaune-fauve, avec des taches et l'espace compris entre l'ombre médiane et la coudée d'un rouge-ferrugineux. Lignes d'un noir-bleuâtre; l'extrabasilaire festonnée, peu continue, précédée de points de même couleur; coudée formée de lunules séparées par les nervures et n'atteignant ordi-

nairement pas la côte, suivie d'une ombre maculaire,
ce qui la fait paraître double ; et d'une série de points
noirs. Ombre médiane maculaire, formant une tache
plus épaisse entre la réniforme et l'orbiculaire. Taches
ordinaires concolores, finement bordées de brun, avec
un point noirâtre pupillé de blanc à la base de la réniforme. Frange entrecoupée de taches brunes. Ailes inférieures d'un jaune-pâle avec le bord abdominal grisâtre. — ♀ semblable. La *Gilvago* varie beaucoup ; quelques individus sont d'un gris-jaunâtre ; la bande entre
l'ombre médiane et la coudée, est noirâtre, mieux cir-
conscrite, la tache réniforme s'y dessine nettement en
clair ; les lignes sont plus continues et mieux écrites ;
enfin la frange est presque concolore et toute la surface de l'aile sans taches ferrugineuses.

La chenille vit dans sa jeunesse dans les samares des
ormes ; dans l'âge adulte elle vit de plantes basses, et
se trouve communément dans tous les lieux plantés de
ces arbres. C'est en juin qu'il faut la chercher dans les
feuilles sèches et les broussailles. Le papillon éclôt en
septembre et octobre.

Aʙ. *Palleago*, Hb.

Ailes supérieures d'un jaune-roussâtre pâle, uni, avec
les taches et la frange concolores, n'ayant pas d'autres
dessins que la tache grise de la base de la réniforme et
la série de points subterminaux. Ailes inférieures d'un
jaune paille uni. On obtient cette ab. de la même chenille que le type.

Oᴄᴇʟʟᴀʀɪs, Bkh., Gn.

37ᵐ. Ailes supérieures assez aiguës à l'angle apical,

d'un gris-roussâtre ou violâtre avec les nervures plus claires. Lignes médianes bien marquées en jaune-clair; subterminale plus vague. Taches concolores, bordées de jaune-pâle; le point noir du bas de la réniforme presque toujours pupillé de blanc. Frange concolore. Ailes inférieures plus blanches que celles de *Gilvago*, avec des poils grisâtres au bord abdominal. — ♀ semblable.

La chenille vit en mai dans les bourgeons des peupliers, elle n'est pas rare dans beaucoup de localités. Le papillon éclôt en septembre et octobre, et se trouve souvent appliqué contre le tronc des peupliers; il varie beaucoup pour la couleur, et passe insensiblement du gris-jaunâtre ou roussâtre à l'aberration suivante.

Aʙ. *Lineago*, Gn., *Gilvago*, Var., Dup.

Ailes supérieures saupoudrées d'atomes gris, avec les nervures et les lignes plus claires; les taches bien tranchées et bordées de clair; le point blanc de la base de la réniforme à peine cerclé de noirâtre; ligne subterminale presque nulle. Pas plus rare que le type.

Cɪʀᴄᴇʟʟᴀʀɪs, Hufn., *Ferruginea*, S.V., Dup., Gn.

35ᵐ. Ailes supérieures d'un jaune-fauve saupoudré de gris, avec les lignes et l'ombre médiane d'un brun-rouge; l'extrabasilaire formant trois courbes; la coudée assez vague, suivie d'une série de petits points noirs; la subterminale ondulée, bordée extérieurement de jaune-clair. Taches ordinaires concolores, bordées de brun-rouge; l'orbiculaire ronde; la réniforme ayant à sa base un gros point d'un noir-bleuâtre. Frange concolore. Ailes inférieures grises, jaunâtres au bord interne ; frange d'un jaune-rougeâtre. Abdomen de la couleur des ailes inférieures avec l'anus fauve.

La chenille vit dans sa jeunesse dans les bourgeons des peupliers, et dans les chatons des saules marceaux ; dans l'âge adulte elle se nourrit de différentes plantes basses, principalement d'oseille ; elle n'est pas rare et se trouve souvent en petites familles. Le papillon éclôt en juillet, août et septembre, selon les localités. Assez commun.

Pulmonaris, Esp., Gn.

28ᵐ. Ailes supérieures courtes, à angle apical obtus, d'un jaune-d'ocre un peu terne, nuancé de brun et de ferrugineux avec tous les dessins peu marqués. Lignes médianes géminées, plus claires dans leurs intervalles ; subterminale anguleuse, brune. Tache réniforme noirâtre à sa base, fondue par en haut, et bordée d'un trait noir extérieurement et d'une fine ligne blanchâtre ; tache orbiculaire ronde, plus claire que le fond. Frange brune, légèrement entrecoupée. Ailes inférieures d'un gris-roussâtre avec la frange plus claire.

La chenille vit au printemps sur la pulmonaire à feuilles lancéolées (*Pulmonaria angustifolia*). M. Guenée dit qu'il est probable que, dans son jeune âge, elle vit dans les chatons, d'où elle descend ensuite sur les pulmonaires qui croissent au bas des arbres, comme les *Cerago*, *Silago*, etc. Cependant cette espèce n'a guère le facies d'une *Xanthia*, aussi M. Lederer l'a-t-il placée dans le genre *Caradrina*. Le papillon n'est pas très-rare dans le Midi de la France.

Duponchel dit l'avoir trouvé plusieurs fois aux environs de Paris, mais à en juger par la figure qu'il en a donnée, t. VI, pl. 75, fig. 3, il s'agit évidemment d'une autre espèce.

Genre HIPTELIA, Gn.

Antennes longues, garnies chez le mâle de lames aiguës et pubescentes, crénelées de cils isolés chez la femelle. Palpes courts, un peu ascendants, à deuxième article large, velu, à troisième très-court et nu. Spiritrompe longue. Thorax carré, large, velu, muni d'une crête derrière le collier, qui est un peu saillant. Pattes longues, à ergots prononcés, ayant tous les tibias garnis d'épines dans les deux sexes.

Ochreago, Hb., Dup., *Rubecula*, Tr., Bdv., (pl. 38, fig. 10.)

35^m. Ailes supérieures d'un jaune-d'ocre, plus ou moins saupoudré de roussâtre avec les trois lignes fines, ondulées distinctes, mais peu marquées. Taches ordinaires concolores bordées de ferrugineux ; l'orbiculaire grande, ronde; la réniforme marquée d'un point noir fondu par en haut. Frange roussâtre. Ailes inférieures de la couleur des supérieures avec la base, une ligne médiane ondée, et les rudiments d'une autre ligne subterminale, noirâtres. — ♀ un peu plus foncée et à dessins souvent plus marqués.

Chenille inconnue. Papillon fin de juillet et en août, vole quelquefois en plein jour, mais se prend aussi le soir à la lanterne. Auvergne, hauteurs de Chaudefour; Barcelonnette, Lauzanier (*Basses-Alpes*). Pas rare dans ces localités.

Genre CIRRŒDIA, Gn.

Antennes simples, garnies de cils fasciculés dans les mâles. Palpes droits, courts, le deuxième article, peu hérissé, le troisième court et obtus. Spiritrompe grêle. Thorax court, caréné au milieu. Abdomen dépassant les ailes inférieures, lisse, grêle, plus ou moins déprimé et terminé carrément dans les mâles, plus court, plus renflé, et très-obtus à l'extrémité dans les femelles. Ailes supérieures dentées, coudées en un angle distinct au sommet de la deuxième inférieure, à lignes médianes bien marquées et disposées en trapèze rétréci inférieurement; inférieures participant à la couleur des supérieures. Chenilles courtes, épaisses, de couleurs sales, marbrées, à écusson luisant, à tête très-petite, garnie de quelques poils courts ; vivant sur les arbres.

Xerampelina, Hb., Dup., *Centrago*, Haw. (pl.39, fig.1)(1).

30ᵐ. Ailes supérieures d'un jaune-orangé, avec les deux tiers de l'espace médian et l'espace terminal d'un ferrugineux clair. Lignes médianes plus claires que le fond, l'extrabasilaire presque droite; la coudée très-arrondie par en haut ; la subterminale vague, très-sinueuse. Tache réniforme ferrugineuse, pleine, joignant inférieurement la bande médiane. Orbiculaire nulle. Ailes inférieures blanches, bordées de ferrugineux clair, un peu rosé. Thorax et collier carnés. — ♀ semblable.

Ab. A. Ailes d'un carné-rougeâtre clair, avec les parties précitées et souvent l'espace médian entier plus

(1) La planche 39 sera donnée avec le quatrième volume.

foncés ; celui-ci absorbant souvent la tache réniforme ; lignes médianes plus distinctes en jaune-clair.

La chenille se nourrit des samares des frênes (*Fraxinus excelsior*) (1) ; pendant le jour elle descend de l'arbre et se cache au pied sous les feuilles sèches ou les mousses du tronc, et y remonte au coucher du soleil ; on la trouve en avril et mai ; elle est beaucoup plus commune que l'insecte parfait, celui-ci éclôt en août, septembre et octobre, selon les localités. Paris, départements de l'Aube, de l'Indre, de Saône-et-Loire, de la Charente, etc.

AMBUSTA, S.V., Dup., *Xerampelina*, Esp.

27ᵐ. Ailes supérieures très-aiguës à l'angle apical, renflées au milieu du bord terminal, variant du carné clair au brun-violet ou vineux, avec les nervures marquées en clair et les lignes d'un jaune clair ; l'extrabasilaire légèrement ondulée ; la coudée arrondie par en haut ; la subterminale flexueuse. Tache réniforme assez grande, concolore et bordée de jaune clair ; l'orbiculaire nulle. Frange très-étroite, un peu plus foncée que le fond. Ailes inférieures blanches teintées de roussâtre au bord terminal. — ♀ semblable.

La chenille vit en mai sur le prunier sauvage, le papillon éclôt en juillet et août. Très-rare, Indre, *Maurice Sand*. Midi de la France.

Genre MESOGONA, Bdv.

Antennes à tige un peu moniliforme, crénelées de

(1) M. Constant indique aussi le sycomore, mais nous ne l'avons jamais trouvée sur cet arbre.

cils verticillés très-courts dans les mâles, filiformes et à cils isolés dans les femelles, à base plus ou moins blanche. Palpes courts, le deuxième article large, le troisième court. Thorax sublaineux, large, à collier un peu caréné. Abdomen non déprimé, celui du mâle terminé carrément, celui de la femelle finissant en pointe obtuse. Ailes épaisses, à frange longue, les supérieures avec les deux lignes médianes très-visibles, non sinuées et disposées en trapèze.

Chenilles épaisses, cylindriques, à tête grosse, munies de plaques luisantes; vivant sur les plantes basses. Chrysalides enterrées.

Acetosellæ, S.V., Dup. (Pl. 39, fig. 4.)

40ᵐ. Ailes supérieures un peu arrondies, d'un gris-ocracé, ou d'un ocracé-rougeâtre, saupoudré de fins atomes noirâtres, avec les deux lignes médianes plus claires et liserées de noirâtre intérieurement, disposées en trapèze rétréci au bord interne. Ligne subterminale formée de taches arrondies, noires. Taches ordinaires grandes, très-nettes, sombres et bordées de clair. Espace médian souvent un peu plus foncé que le reste. Ailes inférieures de la couleur des supérieures, un peu plus rosées, avec une ligne et une ombre subterminale noirâtres. — ♀ semblable.

La chenille vit en mai et juin sur plusieurs plantes basses, et se cache pendant le jour. Le papillon éclôt en août et septembre; il est commun dans l'Indre, *Maurice Sand*; plus rare en Saône-et-Loire, *Constant*; en Auvergne, *Guillemot*; en Alsace, *de Peyerimhoff*; à Fontainebleau, etc. Vole le soir dans les clairières des bois.

Oxalina, Hb., Dup.

40^m. Très-voisine de la précédente ; ailes supérieures un peu plus aiguës à l'angle apical, d'un gris-cendré, avec tout l'espace médian d'un gris beaucoup plus foncé, formant presque un triangle bordé des deux côtés par les lignes médianes qui sont d'un jaune-clair ; ligne subterminale maculaire, ondulée, d'un gris foncé. Taches ordinaires grandes, bien marquées et bordées de gris-bleuâtre. Ailes inférieures d'un gris clair avec une ligne et une ombre subterminale plus sombre. — ♀ semblable.

La chenille vit en mai de plantes basses et le papillon éclôt en août. Il est très-rare en France, ou il n'a encore été trouvé à notre connaissance, que dans les Basses-Alpes.

FIN DE LA PREMIÈRE PARTIE DES NOCTUÉLITES.

ANTHOCHARIS, TAGIS. Var. *Bellezina.* (Tome I, page 114.)
Départements de l'Indre et du Cher (*Maurice Sand*).

POLYOMMATUS, GORDIUS. (Tome I, page 129.)
Départements de l'Indre et du Cher (*Maurice Sand*).

ARGYNNIS, NIOBE. (Tome I, page 179.)
Cette espèce, qui vit sur les plateaux élevés des montagnes et descend rarement au-dessous de 800 mètres, se trouve en grande quantité dans les plaines basses et les bois d'une petite localité assez restreinte auprès de Saint-Florent (*Cher*), *Maurice Sand.*

MELITÆA, PARTTENOIDES. (Tome I, page 172.)
Assez commune dans la région précédente.

TROCHILIUM, BEMBECIFORME (*mis*) Hb.
35^m. Ailes transparentes, les supérieures avec les nervures, une lunule discordale et une fine bordure brune. Inférieures bordées de même. Tête et antennes noires, celles-ci assez courtes, épaisses, fortement pectinées. Thorax noirâtre avec un collier jaune et quelques poils jaunâtres à sa partie inférieure. Abdomen noirâtre, avec les deuxième, quatrième, cinquième et sixième anneaux jaunes. Anus fauve. Jambes posté-

rieures épaisses, garnies de longs poils d'un jaune fauve.

La chenille vit dans l'intérieur des saules et se métamorphose comme l'*Apiforme*. Le papillon parait au mois de juin, il est très-rare en France, et nous devons ce que nous en venons d'en dire à l'obligeance de M. Maurice Sand qui l'a trouvé au bord de l'Indre.

Cette espèce se place après l'*Apiforme*.

ZYGÆNA, GENEVENSIS. (Tome II, page 83.)

C'est par une erreur de géographie que nous avons considéré le mont Salève comme faisant partie de la Suisse ; cette montagne est en Savoie ; par conséquent cette nouvelle zygène est bien une espèce française.

NONAGRIA, NEURICA. (Tome III, page 45.)

Se trouve mais assez rarement dans les marais de Bourges (*Cher*), *Maurice Sand*.

GORTYNA, LUNATA. Var. *Borelii*. (Tome III, page 54.)

Cette variété s'obtient en faisant jeûner les chenilles de *Lunata;* c'est donc plutôt une dégénérescence qu'une variété. *Maurice Sand*.

SARROTHRIPA, REVAYANA. (Tome II, page 90.)

Nous avons trouvé au mois de juillet de cette année, plusieurs chenilles de cette espèce sur différentes espèces de petits saules; elle se tient à l'extrémité des rameaux, dans un paquet de feuilles fortement liées entre elles par des fils de soie. Elle vit ainsi, souvent en compagnie de celle de *Halias Clorana*. A la fin de juillet elle se métamorphose dans une coque blanche, en bateau renversé et attaché à une feuille.

L'insecte parfait est éclos depuis la fin d'août jusqu'au 15 septembre; il vole peu et se tient caché pendant le jour. Nous pensons qu'il passe l'hiver dans le feuillage des arbres verts, ce qui explique pourquoi nous l'avons trouvé plusieurs fois jusqu'à la fin d'octobre.

Nyctimera. (Tome III, page 160.) Lizez Nychthemera.

EXPLICATION DE LA PLANCHE C

Fig. 1. **Nervulation des ailes d'une noctuelle.**

c, Nervure costale. — *s c*, Nervure sous-costale. — *m*, Nervure médiane. — *i*, Nervure interne. — *1,2,3,4*, Première, seconde, troisième et quatrième nervules inférieures. (*Aux secondes ailes, la première s'appelle aussi indépendante.*) — *1' 2' 3'*, Première, seconde et troisième nervules supérieures. — *1" 2" 3"*, Premier, second et troisième rameaux costeaux. — *d c*, Nervule discocellulaire. — *C*, Cellule discoïdale. — *a*, Aréole suscellulaire. — *p*, Pli cellulaire. — *b c*, Bourrelet costal.

Fig. 2. — **Dessins ordinaires des ailes.**

d, Demi-ligne. — *e*, Ligne extrabasilaire. — *c*, Ligne coudée (*ces deux lignes s'appellent lignes médianes.*) — *s*, Ligne subterminale. — *m*, Ombre médiane. — *b*, Ligne basilaire. — *o*, Tache orbiculaire. — *r*, Tache réniforme. — *c l*, Tache claviforme. — *v v v*, Traits virgulaires. — *s a*, Traits sagittés qui s'appuient d'ordinaire sur la subterminale. — *f*, Feston terminal surmonté des points terminaux. — *l c*, Lunule cellulaire des secondes ailes.

PARTIES DES AILES.

d e, Espace basilaire. — *e c*, Espace médian. — *c s*, Espace subterminal. — *s f*, Espace terminal.

Quant aux noms des bords et des angles, ils sont les mêmes que ceux indiqués tome 1ᵉʳ, page 89, fig. 6.

PARTIES DU THORAX.

1. Prothorax ou collier. — 2. Ptérygode ou épaulette. — 3. Mésothorax, attache de l'aile supérieure. — 4. Métathorax, attache de l'aile inférieure.

14.

— 246 —

**Fig. 3 et 4. — Dessins ordinaires des chenilles
de noctuelles.**

a, Ligne dorsale ou vasculaire. — *b*, Ligne sous-
dorsale. — *c*, Ligne stigmatale. — *d*, Stigmate. —
e e e, Points trapézoïdaux. — *f f f*, Points latéraux. —
g, Pattes écailleuses. — *h*, Pattes membraneuses.

On donne le nom de *région dorsale*, à l'espace compris entre les deux lignes sous-dorsales ; de là jusqu'à
la ligne stigmatale, c'est la *région latérale* ; après quoi
vient la *région ventrale*.

Fig. 5. — Chrysalide ordinaire d'une noctuelle.

Fig. 6. — Chrysalide d'une *Cucullia*.

Fig. 7. — Tête d'une noctuelle vue de face. — *a*,
Cavités où sont implantées les antennes. — *s*, Stem-
mates. — *p*, Section des palpes. — *s p*, Partie de la
spiritrompe. — *y*, Yeux.

Fig. 8. — Palpe velu-hérissé.

Fig. 9. — Palpe dénudé.

Fig. 10. — Antenne pectinée.

Fig. 11. — Antenne veloutée.

Fig. 12. — Antenne crénelée.

Fig. 13. — Antenne filiforme.

Fig. 14. — Patte postérieure d'une noctuelle.

TABLE DES ADDITIONS ET CORRECTIONS

DES 1er, 2e ET 3e VOLUMES

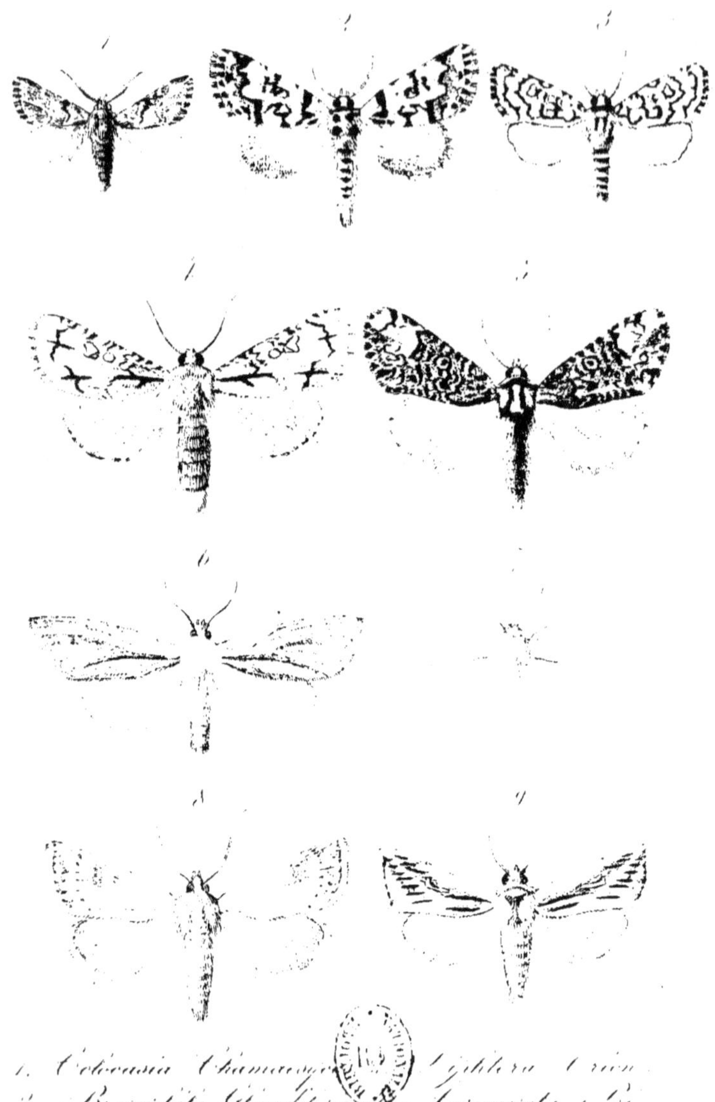

1. Colocasia Chamaesycæ. 4. Aglilera Orion
2. Bryophila Glandifera. 5. Cerongela Bo...
3. Cerongela Ligustri. 6. Agmea Venosa
7. Agmea musculosa. 8. Leucania lithargyria
9. Leucania l. album

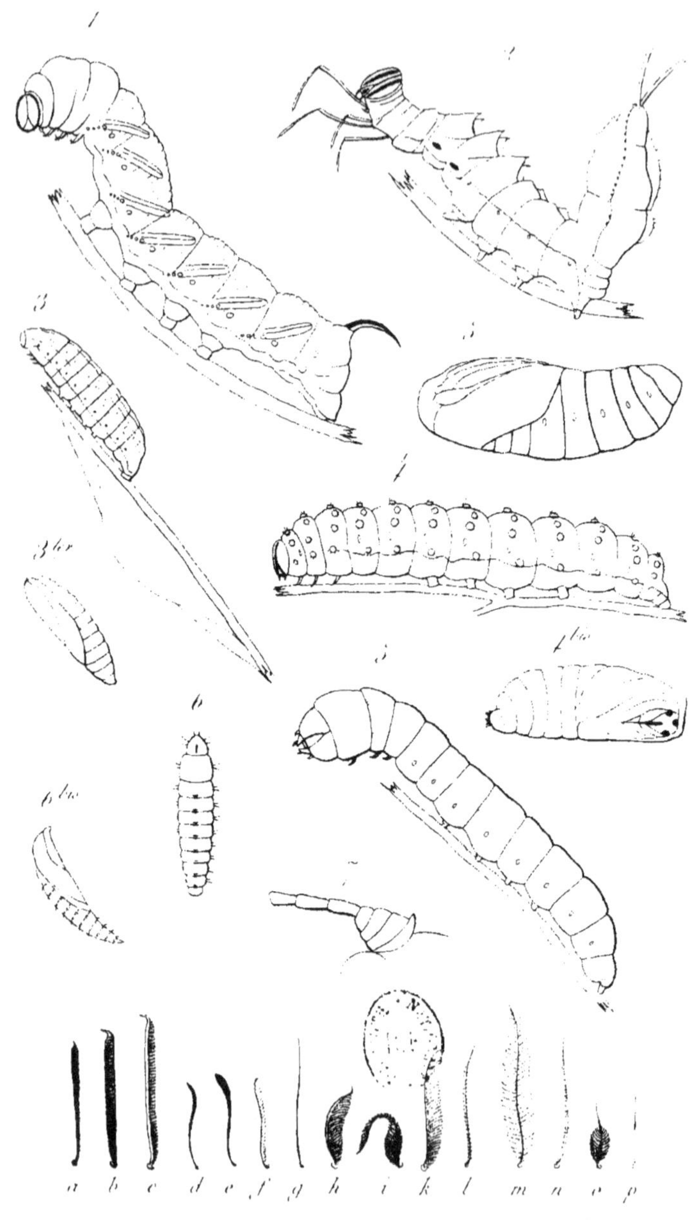
a b c d e f g h i k l m n o p

a b c d e f g h i j k l m n o p